中原建筑大典

21世纪居住建筑

（2001—2010）

SELECTED ARCHITECTURE IN CENTRAL CHINA

• Residential Architecture in the 21st Century •

总 顾 问　赵建才
主　　编　刘洪涛
分册主编　陈　红
　　　　　张东辉

河南科学技术出版社 · 郑州

图书在版编目(CIP)数据

中原建筑大典. 21世纪居住建筑 / 刘洪涛主编; 陈红，张东辉分册主编. —郑州: 河南科学技术出版社，2013.6
ISBN 978-7-5349-5667-6

Ⅰ. ①中… Ⅱ. ①刘… ②陈… ③张… Ⅲ. ①居住建筑－建筑设计－河南省 Ⅳ. ①TU-8

中国版本图书馆CIP数据核字(2012)第094993号

中原建筑大典 · 21世纪居住建筑

总策划	李喜婷
策划编辑	顾 苒
责任编辑	李迎辉
责任校对	张小玲
书籍设计	赵 钧
出版发行	河南科学技术出版社
地址	郑州市经五路66号
邮编	450002
电话	(0371) 65737028 65788633
网址	www.hnstp.cn
经销	全国新华书店
印刷	郑州新海岸电脑彩色制印有限公司
开本	635 mm × 965 mm 1/8
印张	49.5
版次	2013年6月第1版
印次	2013年6月第1次印刷
书号	ISBN 978-7-5349-5667-6
定价	680.00元

总序一

《中原建筑大典》成书付梓，深感振奋。这部沉甸甸的作品是新中国成立以来我省第一部综合反映建筑成果的大型资料性图书，意义非常。河南省住房和城乡建设厅、河南省土木建筑学会、河南科学技术出版社和各省辖市住房城乡建设主管部门的专家、学者及建设行业的工作者通力协作，以古今中原建筑为主题，书海修行，悉心编纂。可以说，《中原建筑大典》集资料性、艺术性、知识性、可读性于一体，为全省建设行业奉献了一部可读可鉴的古代、近代与现代建筑成果的集大成之作，为我省广大建设者提供了一面了解历史、展望未来的镜子。

建筑艺术是人类文明的集中体现，直接反映地域特点、生产力水平和文明程度。河南地处中原，是中华文明的重要发祥地之一，勤劳智慧的中原人民创造了辉煌灿烂的中原文化，也创造了美轮美奂的建筑作品。新中国成立以来，尤其是改革开放以来，河南省经济社会发展取得了长足的进步，建筑业紧紧围绕全省经济社会发展大局，抢抓行业发展机遇，持续保持快速增长势头。2012 年全省建筑业年产值突破 6 000 亿元，建筑业增加值占全省 GDP 的 5.5%，建筑业成为全省国民经济的重要支柱产业，河南也跻身全国建筑大省之列。在建筑业大发展的时代，我省建筑创作日益繁荣，施工水平不断提升，建筑科技创新能力不断增强，工程质量显著提高，不少建筑作品在继承中创新，在创新中发展，优秀建筑作品不断呈现。《中原建筑大典》的编纂出版正当其时，这部大典是河南这个文化大省、建筑大省伟大成就的缩影，是河南建筑业大发展的力证。

当前，中原经济区已上升为国之方略，世人瞩目。建设美丽中原的宏伟蓝图已经绘就，在加快信息化进程中持续探索“两不三新”“三化”协调科学发展的路子已经确定，新型城镇化引领城乡统筹发展的进程正在加快，建筑业天地广阔，大有可为。希望全省建设行业的同人，在建筑领域深入研究，认真思考，大力繁荣建筑创作，兼容并蓄，博采众长，努力构建具有中原地域特色的现代建筑文化；贯彻落实质量兴省战略，推动建筑科技创新，努力提高建筑产品质量水平，提升城乡建设品质；大力推广绿色节能建筑，倡导生态低碳的生活方式，让古老的中原大地成为具有田园城市风格的大都市区和“三化”协调科学发展示范区，在全面建成小康社会，加快推进中国特色社会主义建设的征程上谱写中原崛起新篇章。

河南省人民政府副省长　赵建才

总序二

建筑是人类物质文明和精神文明的综合产物，除构筑生活空间外，还在人类发展史中起着表达与传递、传承与发展共同记忆和民族文化遗产的重要作用。伟大的建筑一如伟大的文学作品，能触动人类灵魂深处的情愫。一部建筑史也是一部人类文明的进步史，它体现了历史发展的轨迹，承载着人们的记忆和感情。

不同地域、不同族群的建筑，展示着各自独特的历史轨迹与文化背景。中原作为华夏文明的核心传承区，其悠久灿烂的历史文化和广袤的地域造就了绵延千年、丰富多彩的建筑文化，在中国建筑史上具有不可替代的突出地位。七千年前的裴李岗文化、仰韶文化遗址表明建筑先于文字存在，也有力说明了中原建筑诞生之早。中原大地上的都城建筑、宫廷建筑、寺庙建筑、民间建筑异彩纷呈、争奇斗艳，长期处于中国建筑的主流位置，代表了当时的最高水平。自商迄宋历朝历代宏伟庞大的中原古都，世界文化遗产龙门石窟和"天地之中"历史建筑群，象征中华祖先的炎黄巨塑，缅怀先烈革命精神的二七纪念塔，各具特色的民居，郑东新区拔地而起的高楼大厦……都是我们引以为豪的突出成就，是河南对中华文明发展所作出的杰出贡献，是中原儿女勤劳智慧的生动体现。为发掘、研究、继承和发扬河南由古至今的建筑成果，我提议并组织编纂了这部《中原建筑大典》，以飨读者。

翻开《中原建筑大典》的目录，可以看到，它收录的有千年古刹，有百年祠庙，有具有显著地域文化特征的城市标志性建筑，有具有革命意义和特殊价值的优秀历史建筑、名人故居，有融合中外文化特色的代表性建筑，也有低碳环保的宜居建筑，其中不乏获得詹天佑奖、鲁班奖等省、部级以上大奖的知名建筑。这些古今建筑集中反映了中原地区的文化、科技、艺术和劳动人民的创造精神，是一笔宝贵的精神财富。

《中原建筑大典》集中反映了中原历代建筑的特色和风格，并牢牢把握了时代脉搏和发展趋势，显示了中原建筑文化锐意进取的态势。诚如建筑大师梁思成所言："建筑之规模、形体、工程、艺术之嬗递演变，乃其民族特殊文化兴衰潮汐之映影，一国、一族之建筑适反鉴其物质、精神继往开来之面貌。"古代中原建筑的辉煌自不待言——披沙拣金、优中选精的《古代建筑》已概略地展示了这一点。19 世纪下半叶至 20 世纪上半叶的百年，受制于外侮内弱、国力衰竭，建筑发展几近停滞。至清末民初，才零星有了对西方建筑吸纳的作品出现；新中国成立后土木兴盛，也曾产生了一些精品佳作；20 世纪 80 年代改革开放以来，城市建设突飞猛进。《20 世纪建筑》很好地记录了中原地区建筑从对西方建筑的吸纳、自主创作的萌芽到不断创新发展的过程。而服务于当代社会活动、人民生活的《21 世纪公共建筑》《21 世纪居住建筑》则反映了自改革开放以来建筑产业迅速推进、城市化水平逐年提升、建筑产品如雨后春笋蓬勃成长的良好局面。整套书力求反映出中原建筑的古今辉煌和传承创新。

建筑的重要意义在于，它不单为人们提供栖身之所，还是城市、乡镇和各种文化场所的组成单元，它存在于环境、生活、经济发展之中，又反过来影响环境的营造、生活的构建、经济的发展，还影响着人们的思维习惯、行为模式和生活方式。它能鼓舞人、激励人，让人们去热爱自己的城市，热爱自己的家园，并为之付出劳动和智慧。我们在加快中原经济区建设、推进新型城镇化的进程中，绝对不能忽略文化建设，要把文化发展与整个经济社会发展结合起来，把文化软实力的提升与综合实力的提升结合起来。我们希望，《中原建筑大典》的编纂出版，能够对弘扬中原建筑文化、提升城市品质、保护历史文脉、留住城市记忆、推进中原经济社会发展起到应有的作用和贡献。

河南省住房和城乡建设厅厅长、工学博士、研究员　刘洪涛

总序三

《中原建筑大典》是由河南省住房和城乡建设厅发起，河南省土木建筑学会与郑州大学建筑学院、河南博物院和河南科学技术出版社等单位合作，组织有关专家、学者、研究人员共同编纂的一部全面总结和反映河南省从古至今建筑成就的大型图书。这部套书以时间为分卷标准，兼顾功能、属性，形成《古代建筑》《20 世纪建筑》《21 世纪公共建筑》《21 世纪居住建筑》四个分卷，于 2013 年出版。

《中原建筑大典》由河南省人民政府副省长赵建才担任总顾问；河南省住房和城乡建设厅厅长刘洪涛任主编；河南省住房和城乡建设厅设计处、规划处、建管处、房产处、城建处等处室领导，河南省 18 个地市的建委、规划、房管部门领导和当地规划设计院院长任编纂委员；来自河南全省的一批权威专家主持各书的编写。到目前为止，这是第一部以中原建筑为对象的规模最大、成果最前沿、资料最翔实、图片最丰富的套书。

对本省、本地区的物质及非物质文化遗产进行挖掘、整理、保护和继承是当今的一大趋势。长期以来，河南省社会各界特别是建筑领域的专家、学者、建设者都强烈希望并积极倡议将中原地区数千年来的优秀建筑作品及有关资料汇编成书，以供当代人研究、回味，供后来人借鉴、参考，为促进河南城乡建设的跨越式发展作出应有的贡献。这项工作得到了河南省住房和城乡建设厅、各省辖市主管部门及河南科学技术出版社的全力支持。在赵建才副省长、刘洪涛厅长的具体指示和明确要求下，《中原建筑大典》套书编纂委员会迅速成立，编纂、出版《中原建筑大典》的工作顺利展开。

自套书编纂委员会成立三年来，各界专家召开了多次学术会议，就《中原建筑大典》的定名、定位、定性问题和分卷、分类原则以及各卷的框架结构等进行了深入细致的探讨，达成了广泛的一致。

一部图书的定名与定位，直接反映着该书的内涵与指向，也蕴含着对时间与地域的划分，对这样一部反映河南建筑发展历史与现状的图书而言，更是如此。本书的定名，曾有诸多争议，主要集中于两个问题：一是地域冠名；一是应该叫“大典”还是“大观”“选编”，或别的名称。直观理解，“河南建筑”更为贴切，意指现河南省行政区内的古今建筑，明白、易行、易理解。然而，建筑既是一种物质产品，但同时也具有文化意蕴和历史记忆。相对于“河南”来说，“中原”的概念既形成得早，又成为举世公认的当今河南的代名词。虽然它的外延大于河南，甚至延及江、河两岸，但它的核心区位一直定位在河南。另外，中原经济区的形成，也是书名需要考虑的问题。《国务院关于支持河南省加快建设中原经济区的指导意见》中对中原经济区的区域范围定为“涵盖河南全省，延及周边地区的经济区域”。因此，本套书编纂委员会成员一致认为，地域冠名为“中原”比“河南”更恰当。

古今中原建筑的素材浩如烟海。本书虽不包含全部中原建筑，但却大体涵盖了中原建筑的主要和典型的代表，在时间上既涵盖了古代，又涵盖了近代和现代；几十年来，我省尚未出版过一部涵盖范围较其更为全面的建筑图书，此书可以视为一项开放的工程，目前完成的《古代建筑》《20世纪建筑》《21世纪公共建筑》《21世纪居住建筑》先期出版，今后还将追踪时代步伐，续写有关内容，作为它的补充与延伸，以形成系列。因此，编者不揣浅陋，将本书冠以“大典”之名，此中用心和深意，尚希读者鉴谅。

对于书的性质，编者力求使其成为中原建筑的百花集萃，但鉴于很多古代建筑的湮没无考和现代建筑的数量过于庞大，做到完全收录是力所不及、也是没有必要的；编者本着客观的态度，严格甄选出各类建筑中最典型、最有特色的代表作品，力求全面、准确地反映数千年来河南建筑的全貌。各卷的甄选及分类标准如下：

《古代建筑》卷，按照功能的不同分为佛教建筑（其下包括寺庙、佛塔、石窟）、道教建筑、伊斯兰教建筑、纪念建筑（其下包括祠庙、陵墓）、文庙书院建筑、衙署建筑、会馆建筑、民居建筑、桥梁建筑、古代城址、其他建筑（其下包括庙阙、园林、高台、水利设施、风水塔等），选择各类建筑中文物等级高、历史久远、文化底蕴深厚、布局独特或已经是现存孤例的建筑。

《20世纪建筑》卷，以新中国成立前后划分为两个阶段，即1901年至1949年，1950年至2000年。前一阶段根据行政区划按城市分列各类建筑；后一阶段按建筑类型编排，两个历史阶段体例分别与《21世纪居住建筑》《21世纪公共建筑》一致。前后对照清晰地显示了中原建筑两重天的变化。

《21世纪公共建筑》卷，按照功能的不同分别选择各类建筑中具有标志性（刷新城市新高度、直接是一个城市的象征、具有革命纪念意义和特殊价值等）、艺术性、环保节能性、名牌（著名建筑师、设计师的代表性作品）及获奖（获得詹天佑奖、鲁班奖等省、部级以上大奖）的建筑。

《21世纪居住建筑》卷，在选材上充分考虑不同读者的需要，既考虑建筑特色和专业水平，以便作为专业人员和研究人员的借鉴和参考，又考虑到一般读者的审美趣味和欣赏需求。所收居住建筑按河南省行政区划排序。

各卷中每个建筑均附有几百字的文字说明，除了介绍建筑面积、建造时间等专业数据（《21世纪公共建筑》卷和《21世纪居住建筑》卷尽可能给出了设计单位、建筑面积、设计时间和竣工时间等）之外，还对该建筑的功能、结构和设计特点加以阐释，同时尽可能配以各类建筑图纸（总平面、平面、立面及剖面等），力求做到资料翔实、具体，评价准确、公允，使这套书具有较高的学术价值和资料价值，并因其内容与形式的完美统一而具有典藏性和观赏性。

编纂委员会成员根据统一设计的征稿与编写框架，夙兴夜寐，踏实工作，对文字、数据资料反复核实，对照片、图纸反复推敲，付出了巨大的努力，使这部套书的权威性、科学性、可读性得到了保证。

正值本书编纂完成、行将付印之际，迎来了《国务院关于支持河南省加快建设中原经济区的指导意见》的下达，编纂委员会成员和全体参与同人无不感到欢欣鼓舞。作为一部反映中原古今物态建筑的图书，对照国务院的指导意见尤其是第36条的要求，我们为对中原经济区的发展做了一件有意义的工作而感到欣慰。

在本书的组织和编纂过程中，我们既考虑到了河南作为占有全国最久远、丰厚的建筑文化资源之地、全国交通枢纽的中心地位，以及人口大省的特殊地位，又考虑到了河南省人均经济规模、人均居住面积、城市化水平低于全国平均数的现状，力避夜郎之言和印象的产生。我们清楚地认识到：河南的突出优势将是保障其可持续发展的不竭源泉；河南现有的突出矛盾和劣势，也将随着中原经济区发展战略的实施，成为反推中原实现跨越式发展的巨大潜能和动力。愿我们共同努力，以史为鉴，借国务院支持我省中原经济区建设的东风，促进建筑与住宅产业发展，加快城镇化进程，实现城乡共同繁荣，为支撑中原崛起和河南振兴，服务全国发展大局作出新的贡献。

河南省土木建筑学会副理事长、秘书长　李绪荧

前言

衣、食、住、行是人们生活的四大要素，也是社会经济、群众生活发展水平的主要标尺。30年的改革开放，城镇中亿万平方米的住宅建设，无论是平均每户建筑面积、住宅类型、户型设计、内部设施，还是居住区的规划布局、规模、公建配套、环境质量都已达到前所未有的高质量、高品位。

"安得广厦千万间，大庇天下寒士俱欢颜"的先人理想，在我们这个时代实现已经为期不远了。

新中国成立以来，住宅建设标准、分配制度等方面经历了不断变革的过程，由各个部门、国营企事业单位的传统福利分房制度逐步实现了住宅商品化的改革。20世纪80年代改革初期开始进行出售公房、民建公租房以及提租补贴等一系列的试点工作；进入90年代以后，社会主义市场经济体制的确立大大加速了住房改革的进程，在公房出售、建立住房公积金制度方面有了重大突破，住房商品化，充分发挥市场机制在住房资源配置中的基础性作用，同时也不断增加以中低收入家庭为对象的保障性住房的供应。

为贯彻实施2006年"国六条"，河南省有关部门多方联合，举行90 ㎡中小套型的住宅设计竞赛，为提高中小户型住宅设计水平作出了贡献。

当大量的资金涌入房地产市场后，土地价格不断提高，同时房地产行业发展与地方各部门利益攸关，这些均导致了房价的飞速上涨，而使安居工程的实施面临停滞和倒退。为使房地产市场平稳健康地发展，政府采取了大力度的调控政策，以全面推进廉租房、经济适用房、公共租赁住房和动迁安置房"四位一体"的住房保障体系建设。这将使"居者有其屋"，遏制城市房价上涨过快，使构建和谐社会得到有力的保障。

纵观30年来河南省住房建设的成就，从规划建筑设计方面可概括为以下几个特点：

1. 人均居住面积提高

这是衡量居住水平的一个重要指标，从新中国成立初期的每人平均4 ㎡居住面积，到今天经济适用房、廉租房每户家庭每人低于15 ㎡作为申请入住标准（各地目前标准虽有差别，但仍可看出居住水平的大幅提升）。居住条件从20世纪50~60年代的"合理设计、不合理使用"（即多户合用卫厨），发展到"独门独户"、不同建筑面积的多种户型，设计水平、建筑质量均有了极大的提高。

2. 整体开发，统筹规划

经济的发展为住宅由分散、零星的建设逐步做到成片成区的建设打下了坚实的基础，虽然在总体规划上一般还沿袭了“居住区—居住小区—住宅组团”或“居住区街坊”的模式，但在规模、手法和布局上有了不少新的创造。住宅建设的规划、设计、建设、营销、管理等各个环节相互衔接，使居住区建设在社会效益、经济效益与环境效益方面达到了较好统一。在规划设计理论与实践方面大致有以下几个特点：

（1）路网结构是构成居住区的骨架，应做到合理布局与人车适当分流，主干道通而不畅，次干道清晰、便捷，空间节点有序。当汽车进入多数家庭后，居住区车辆进入地下车库及车主入户的便利性就成为大型居住区要解决的首要问题。

（2）公建配置除幼儿园、小学、商业网点外，还有社区活动中心、公厕和商业步行街等，因此应注意规划发展的多样化和空间序列的层次与变化，使生活更舒适、安全与方便。例如，有的居住区设置步行商业街，既可适应居民的群体聚会活动，发挥商业的集聚效应，又能体现不同居住区的空间场所特征。

（3）重视环境建设。在合理规划布局的同时，注意公共空间、环境、绿化小品等的设计与建设，使居住条件的改善与环境优化得到同步发展。部分较高收入阶层在挑选户型的同时，居住环境也成为购房的主要考虑因素之一。

3.户型设计更趋合理，配套齐全，设施完善

户型设计是改善居住条件的基础，通常 50 ~ 90 ㎡的中小户型和 120 ~ 160 ㎡的大户型为城市住宅的主要户型面积。户型的设计无论是小康型、舒适型还是豪华型都注重了起居区与餐饮空间的分离、梳洗区与浴厕的分离、就寝区与学习区的分离及大小居室的合理搭配等。户型以厅、卧 、厨 、卫、阳台和储藏间等基本空间组成，并在设计上给予了更多的全面关注与细节安排，以体现“以人为本”的理念。

4.住宅类型多样化

住宅从早期多层单元组合为主的类型，发展到小高层、高层的居住小区，以及少量标准较高的低层联排别墅、独立别墅，几乎囊括了所有的城市住宅类型。除了一般的功能划分、空间组合的优化及合理舒适外，有的还引入了空中花园、复式、错层等作为营销的亮点。在户型内部空间组合上，很多户型方案的平面、空间更趋合理、成熟，为消费者提供了更多的选择性。

随着高层住宅的遍地开花，天际轮廓线在空间上、层次上的重要性日益凸显。高层住宅在形态构成上不断创新，摆脱虚假的大片顶部飘架，阳台、窗户、线脚的设计和体块、色彩的划分或细腻平和或对比强烈，或精致高贵或朴实淡雅，使城市住宅区的多元化风格有了新的发展。

5.风格多元，环境优越

建筑风格体现在空间组织，建筑形态、尺度、色彩，以及细节环境品质等诸多方面，无论是采用中西方传统符号与细部，还是简约、现代风格，当前建筑设计均把适应市

场需求、提高居住品位放在了重要位置。

以窗为例，有挑出飘窗、低窗台、落地窗、弧形窗、转角窗、天窗等，不仅为住户提供开阔的视线、充分的阳光，而且保证住户可充分接触户外自然的环境，这也为住宅造型与外观的多样化创造了条件。再如厨卫设备，天然气、电器进户，特别是电器的普及与多样，在厨房、卫生间洁具的成套配置与细节设计上提出了更高的要求。在住宅风格上，人们往往仿照传统住宅形式如“里弄式”“四合院”“江南民居”“皖南民居”以及西方古典与殖民地风格的符号与细部形成多种城市节点，但在结合城市建筑历史特征、注重地域文化、重视历史文脉与风格创新、形成时代特色等方面还有待于不断探索。另外，加强可持续性研究，使住宅智能化技术、节能技术等得到广泛应用，以及生活给水净化、中水利用、垃圾处理现代化的推广，都将进一步提高居住区各项设计的高新技术含量。

在居住区的规划统筹中，结合地形、地貌把绿化景观整合在居住区空间中，构筑以点、线、面绿化及小品配置串联而成的景观带或绿色生态网络，无论是传统园林亭、台、廊、榭的曲径通幽，还是西方园林的雕塑、花架、台阶、栏杆的有机组合，或开放或含蓄，或张扬或内敛，显示着独具特色的环境艺术，为居民提供各种户外公共休闲活动场所，满足了住户可达性、均好性、参与性的要求。

大型住宅建设有利于整合城市土地，使城市环境与住宅环境共生；规模开发完善了住区的功能，美化了居住环境，提升了城市品位，关注与优化了民生。

规划设计的“精品意识”与建设单位的“名牌效应”相结合，逐步成为城市住宅区建设的共识。宏观调控、统筹规划与市场机制的结合一定会使我国城市住宅区的质量与水平再上一个新的台阶。

河南省勘察设计大师、郑州大学建筑学院教授　顾馥保

目录

中原建筑大典

21世纪居住建筑

Selected Architecture in Central China

Residential Architecture in the 21st Century

1 郑州市 21 世纪社区

设计单位：	河南东方建筑设计有限公司
建设单位：	居易集团郑州新世纪住宅建设有限公司
建设规模：	规划用地 72 hm²；总建筑面积 1000 000 m²
设计时间：	2004 年
竣工时间：	2006 年

2006

21 世纪社区位于郑州市花园北路，毗邻郑州国家森林公园，周围有中州大道、花园北路、北环快速路，交通便利。

南北向的黄家庵东路将基地划分为东西两部分，东部用地面积为西部的三分之一。社区围绕“回归自然”“可持续发展”等设计思想进行规划，小区内采用环状路网与东西向道路相结合的道路骨架，将各个组团联系起来。

湖景和湿地景观是 21 世纪社区规划的亮点，百亩中心湖自然景区突出了“人与自然和谐共存”的环境主题，沿湖布置联排别墅和多层住宅，营造出优雅协调又不失温馨浪漫的居住区氛围。建筑立面简洁明快，简化的欧式线脚和山花、宽敞的阳台、红色的屋顶与小区内的绿化相得益彰。

中心湖

总平面图

花园北路沿街建筑

花园北路入口

中州大道大门

庭院

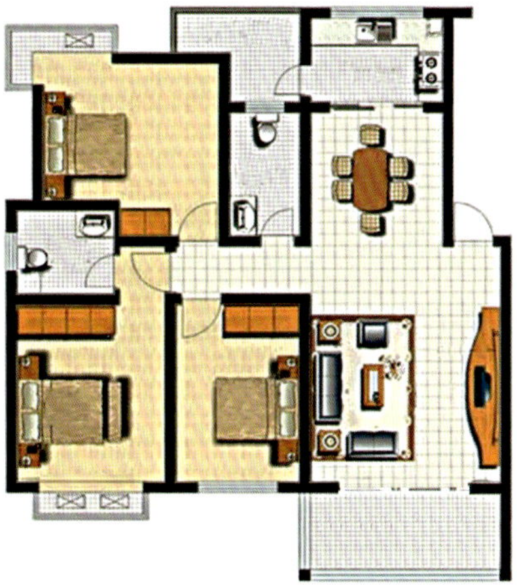

户型平面图

2 郑州市 长城·康桥华城

设计单位：澳大利亚贝尔曼事务所
建设单位：郑州新长城房地产有限公司
建设规模：规划用地 5.38 hm²；
总建筑面积 360 000 m²
设计时间：2005 年
竣工时间：2010 年

2010

长城·康桥华城位于郑州市大学路中段，在规划上采用“街区”的概念，改变居住建筑传统的方正排列组合，突破围合式布局，使整个小区内没有明确的片区分割，但居住空间与生活街区之间设有鲜明的分隔区，这既保证了空间的私密性，又保留了开放式的空间，邻里间多了沟通和交流的机会。同时，以自然的曲线营造与众不同的建筑形式，也是设计的一大特点。

康桥华城是一个复合式建筑综合体，包括高档住宅、写字楼、公寓和商业街等。在追求新颖、多元化的同时，其设计注重体现功能与形式的统一，充分运用材料的质感、色彩、光影和形体组合来塑造建筑群的独特个性。

建筑外观

总平面图

建筑外观

建筑外观

户型平面图

3 郑州市 大河龙城

设计单位：澳洲 U&A 国际设计集团
建设单位：河南新东方地产发展有限公司
建设规模：规划用地 21.7 hm²；
总建筑面积 120 000 m²
设计时间：2006 年
竣工时间：2008 年

2008

大河龙城位于郑州市惠济区迎宾路 9 号，规划理念注重建筑与地域的融合，强调地域文化与现代设计的互动，将建筑、景观与地块自然结合，呈现出高低错落、变化有致的田园式风格。小区规划采用传统的行列式布局，道路系统主次分明，东西向平行穿越基地；小区景观水系纵横延伸，与沿湖溪流、跌泉等形成联动水系，表达着“水”的不同姿态，营造了可观可游、妙趣横生的亲水景观。

建筑风格简洁明快。依每栋建筑的形式及特点，点缀不同的景观。在建筑空间布局上，强调建筑的外向性和参与性，前庭后院、私家花园、双向空中露台等，形成了多层次的立体庭院空间，增加了居住方式的多样性和趣味感。

户型以二三层的联排别墅为主，底层的停车库解决了每户的停车问题，一层布置起居活动空间，二层和三层布置卧室、书房等功能用房。

联排别墅水景

别墅水景

建筑外观

联排别墅

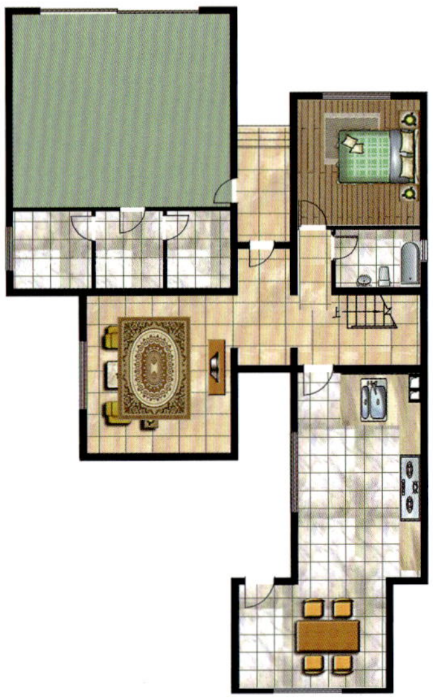

双拼别墅一层平面图

双拼别墅二层平面图

双拼别墅三层平面图

双拼别墅效果图

鸟瞰图

Selected Architecture in Central China Residential Architecture in the 21st Century

4 郑州市　帝湖花园

设计单位：河南徐辉建筑工程设计事务所
建设单位：郑州布瑞克房地产开发有限公司
建设规模：规划用地 86 hm²；
总建筑面积 400 000 m²
设计时间：2002 年
竣工时间：2006 年

2006

帝湖花园位于郑州市航海西路，规划有莱茵东郡、米兰城、王府、龙吟别墅四大组团，整个居住区把帝湖作为生态景观中心，最大程度地利用了天然地貌与水库。湖心岛布置了独立式别墅，环湖内侧为多层低密度建筑，外围是高层建筑，形成了以湖为中心由低而高的天际线，保证户户有景，建筑空间错落有致。道路系统由社区主干道、组团干道、车行支路以及相对独立的别墅区辅道组成，并与绿化景观、建筑小品形成了点、线、面相结合的景观布局。

鸟瞰图

帝湖水景

帝湖水景

帝湖水景

湖心岛鸟瞰

沿湖建筑

绿化景观

中心绿地

5 郑州市 格林山庄

设计单位：	北京威斯顿设计公司（一、二期）
	郑州大学综合设计研究院（三、四期）
建设单位：	格林房地产开发公司
建设规模：	规划用地 2.23 hm²（一、二期）
	1.81 hm²（三、四期）；
	总建筑面积 27 264 m²（一、二期）
	41 018 m²（三、四期）
设计时间：	2000 年
竣工时间：	2004 年

2004

格林山庄是在郑州市经济技术开发区早期开发的房地产项目，北临航海东路，东西为经开第六大街与经开第七大街。项目由南北相邻的地块组成，一、二期为北地块的二层别墅与多层住宅，三、四期为北地块西北角和南地块的多层及沿街小高层住宅。

在规划中调整了小区道路结构，相继配套了幼儿园、管理用房、大门及景观绿化等，完善了居住小区的生活服务功能。

鸟瞰

别墅外景

沿街建筑

景观步道

6 郑州市 汉飞·金沙国际

设计单位：	澳大利亚 ANS 国际建筑设计与顾问有限公司
建设单位：	河南汉飞置业有限公司
建设规模：	规划用地 7.58 hm²；总建筑面积 330 000 m²
设计时间：	2008 年
竣工时间：	2010 年

2010

汉飞·金沙国际位于郑州市金水路与沙口路交会处，布置了 20 栋高层建筑。这是一个集住宅、公寓、商场、写字楼、幼儿园、运动场地等为一体的大型综合性居住区。

金沙国际以“运动就在家门口，健康就在社区中”为主要设计理念。从选址规划到建筑设计、设施配套等都体现着运动型居住区的理念，五分之四的用地为绿化、道路和运动场地，五分之一的用地建房。景观设计上运用园林要素，如廊桥水榭、坡地景观、名贵树种、雕塑小品等精心布局，小区设有足球场、篮球场、网球场、极限运动场等，与绿地景观情景交融又充满生活趣味，灵动的曲线布局、健康生态的环境都诠释着设计理念。

小区沿城市干道设置沿街商业，既满足了社区的基本生活需求，又可防止外界环境对小区内部的干扰。入口处宽大的景观广场，既展示了小区的形象，又起到了缓冲人流的作用，是小区的点睛之笔。空间布局采用淡化组团的形式，整体紧凑、集中，在满足日照的前提下使土地得到最大化的集约利用。

住宅建筑通过运用阳台、飘窗、竖向构件等建筑元素取得了活泼的立面效果，灰、白等中性的外墙色彩使建筑更富现代感。

建筑外观

庭院步道

楼间景观

休闲坐椅

景观步道

鸟瞰图

户型平面图

Selected Architecture in Central China *Residential Architecture in the 21st Century*

7 郑州市 建业·森林半岛

设计单位：	杭州中宇建筑设计有限公司 郑州市建筑设计院
建设单位：	河南建业住宅建设有限公司
建设规模：	规划用地 16 hm²； 总建筑面积 260 000 m²
设计时间：	2007 年
竣工时间：	2008 年

2008

建业·森林半岛位于郑州市东风路和天明路交会处，绿荫公园北部。在维护原生态自然环境的前提下，设计者规划了一个拥有近 1 hm²水景的住宅区，是一个别墅与公寓住宅相结合的居住区。

规划设计通过“院落—步行街巷—微公园”三个空间层次，利用建筑错落围合成步行庭院，并由步道、小广场组成的街巷体系将小区中心微公园与每个院落连接起来，利用院落转折等手法，带来“曲径通幽”的丰富空间层次。半开放的组团布局、灵活的空间处理，避免了行列式布局带来的单调与沉闷。另外，部分住宅内部设计了室内庭院，将自然的元素引入室内，加上空中露台，让住户与大自然更加接近。

别墅外景

庭院绿化

别墅外景

鸟瞰图

8 郑州市 金源第一城

设计单位：郑州市建筑设计院
河南华辰建筑工程有限公司
建设单位：河南世纪金源置业有限公司
建设规模：规划用地 13.3 hm²；
总建筑面积 420 000 m²
设计时间：2006 年
竣工时间：2009 年

2009

金源第一城位于郑州市建设西路与秦岭路交会处，结合原有的地形地貌，以“人景互动”的规划理念，将多层建筑布置在中心位置，外围则为高层住宅；通过构架、廊道、雕塑小品等景观元素满足了人的参与性和景观的可达性，营造了一种健康、温馨的居家氛围。小区道路适当人车分流，主要核心景观区域则采用步行系统，以蜿蜒的道路与起伏的地形结合，形成“通而不畅”的视觉效果。水系、园林、小广场是小区的景观主线。水是自然的本源，亲水的小区给人带来愉悦的感受。入口处沿地形错落而下的叠水设计，让人一进小区便能感受到源于自然的气息；不同形式的水体相互呼应，随地势的起伏穿插于小区的广场与绿地之间，给人耳目一新的感觉。

鸟瞰

建筑外观

宅间小溪

小溪景观

组团道路

9 郑州市 居易国际城

设计单位：河南东方建筑设计有限公司
建设单位：居易集团河南龙湖置业有限公司
建设规模：规划用地 66.7 hm²；
总建筑面积 1 000 000 m²
设计时间：2006 年
竣工时间：2011 年

2011

居易国际城位于新郑市龙湖镇，北靠城市主干道双湖大道，南临学府路，西傍数百亩水面的林锦店水库。该项目是一个集滨水居住、休闲度假、近郊旅游、娱乐商业等多功能于一体的综合性居住区。

小区设计以生态化、人文化理念为指导，充分利用大面积湖面、丰富的植被等原生态的自然景观，利用地势落差，凸显景观层次感，形成不同主题的系列化的园林环境体系。小区划分为 7 个组团，拥有 10 hm²的天然湖泊、133 hm²的原生森林及千种花木分布其中的奥林匹克公园、维也纳公园、托斯卡拉公园等三大主题公园，使小区整体以“城中有湖、湖中抱城、城湖一体”的独特美景，实现了城市景观与自然景观的融合。

小区由低密度多层住宅构成。建筑立面以横竖直线为构图元素，富于节奏变化和韵律，外墙装饰以白色和砖红色为主色，纯净明快又不失典雅。

中心湖

鸟瞰

总平面图

中心景观

组团绿地

堆石小景

绿化景观

户型平面图

10 郑州市 蓝堡湾

设计单位：德国 ASP 建筑设计有限公司
建设单位：河南正弘置业有限公司
建设规模：规划用地 26.96 hm²
总建筑面积 253 900 ㎡（一期）
设计时间：2006 年
竣工时间：2010 年

2010

蓝堡湾位于郑州市金水区东风路与花园路交会处，规划一期由 10 栋高层共 1 147 户组成，60~110 m 超宽楼距。设计以“呼吸港湾”为规划理念，将整个景观空间沿东西向均匀分布，东风渠滨河景观公园、中庭景观带、高层住宅内园林景观三位一体，中间穿插南北向的主题景观，使整个小区景观层次丰富、步移景异。

户型平面各功能空间有机组合，在确保住户的舒适感和安全感的同时，充分考虑视觉景观的引导和通达，让户型与景观更巧妙地融合。

小区设有两层的地下停车场、幼儿园、会所、约 1 500 ㎡的运动场、篮球场等配套设施。

建筑外观

鸟瞰图

建筑外观

宅间景观

休闲小景

宅间庭院

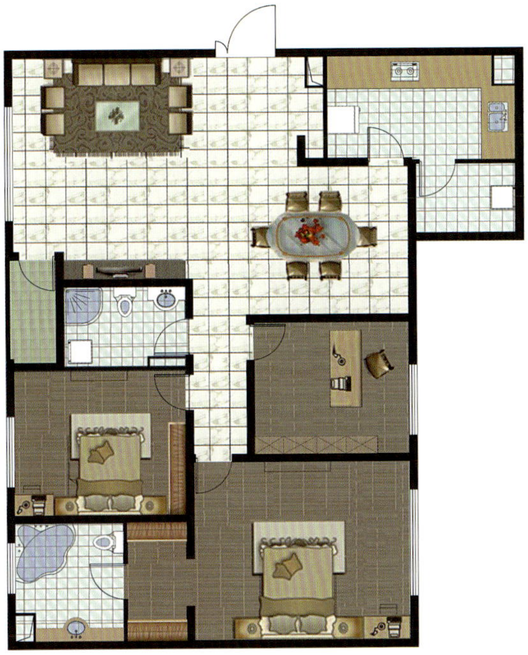

户型平面图

11 郑州市 老街·绿地郑东新苑

设计单位：英国 UA 国际建筑设计有限公司
上海现代建筑设计集团
郑州大学综合设计研究院
建设单位：河南老街坊置业有限公司
建设规模：规划用地 30.79 hm²；
总建筑面积 450 000 m²
设计时间：2004 年
竣工时间：2008 年

2008

老街·绿地郑东新苑位于郑州市郑东新区东风东路与九如路交会处。建筑采取中西风情兼收并蓄的设计手法，融合了江南园林的婉约与欧洲建筑的精致，并布置了“海派风情”步行街。

绿地郑东新苑多层低密度院落式住宅，将里弄的传统格局与现代组团式围合布局巧妙融和，并结合人车分流等处理方式，传达出小区深厚的人文居住设计理念。小区内以 L 形绿化带贯穿整个社区，每个 L 形绿化带从各自地块向相邻地块延伸并相互呼应。中心绿地、体育活动场地、休闲步道、组团绿地、自家院落等多层次的绿化景观系统实现了景观的均好性。

设计者运用里弄住宅中丰富多变的窗沿、门套、拱券、柱廊等符号对建筑加以演绎，简约流畅，体现出古典的韵味，唤起了对往昔生活场景的追忆。

沿街建筑

建筑外观

小溪景观

宅间小路

休闲广场

庭院湖景

户型平面图

商业建筑

12 郑州市 利海·托斯卡纳

设计单位：郑州市建筑设计院
建设单位：河南利海房地产开发有限公司
建设规模：规划用地 21 hm²；
总建筑面积 430 000 m²
设计时间：2007 年
竣工时间：2010 年

2010

位于郑州市北环路与电厂西路交叉口东南角的利海·托斯卡纳，带有浓郁的浪漫主义异域情调，阳光花房、庭前小溪、商业街道营造出温馨舒适的人居氛围。

半围合低密度的行列式布局，采光良好，在拥有较好朝向和专属私密空间的同时，兼顾了住户渴望融入自然的需求，为住户提供了充分表达自我、提升生活品质的空间。规划中采用人车分流的交通体系，简捷、方便、畅通。区内道路、广场采用园林化铺装，使整个小区内部园林布局更加和谐统一。

建筑设计不论是造型的选择还是建筑色彩的表达，都带有很强的亲和力，建筑色彩明快，体块变化丰富，造型多样。住宅布局自然围合形成庭院、广场、花园，增加了组团空间的丰富性，为小区内住户的交流提供了场所。

住宅入口全景

中心绿地

组团景观

宅间小径

休闲广场

组团景观

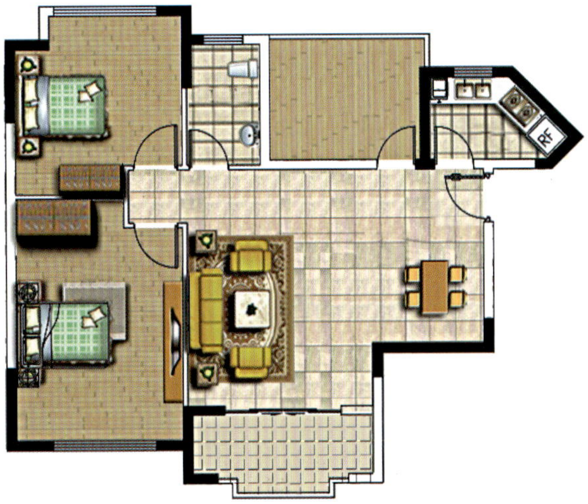

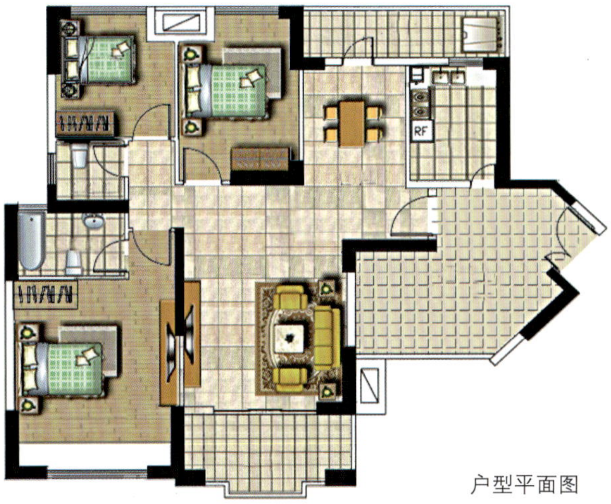

户型平面图

Selected Architecture in Central China Residential Architecture in the 21st Century

13 郑州市 联盟新城

设计单位：	黑川纪章建筑城市设计研究所
	郑州市建筑设计院
建设单位：	郑州联盟新城置业有限公司
建设规模：	规划用地 4.22 hm²；
	总建筑面积 84 300 m²
设计时间：	2005 年
竣工时间：	2009 年

2009

位于郑州市郑东新区农业东路的联盟新城由多层住宅、别墅、商务办公区等多种居住形态组合而成。规划上体现日本著名建筑师黑川纪章倡导的“共生”理念，以低层低容积率、安全私密的空间和高绿化形成既开放又围合的居住院落。

建筑设计追求空间尺度的精细，对户型进行了全新定义，避免了视线干扰；空间设计上，通过“室内—私家花园—公共花园”的空间序列过渡，消除了邻里阻隔等普通住宅的固有弊端；同时通过高差变化、错落掩映的开放与私密性的结合，表达了“灰空间”的理念。

鸟瞰图

建筑与水景

小区入口

内庭院

入口景观

建筑外观

组团道路

组团庭院

14 郑州市 鹿港小镇

设计单位：河南省国防工业设计研究院
建设单位：河南新田置业有限公司
建设规模：规划用地 6.57 hm²；
总建筑面积 60 000 m²
设计时间：2000 年
竣工时间：2002 年

2002

鹿港小镇位于郑州市金水区花园北路，规划围绕自然生态、低密度、多种组团间相互错落围合的设计思路，采用环状路网，有效地组织小区道路，主入口大型广场的圆形喷泉可以引导人流从不同方向进入小区。

小区住宅由联排别墅、双拼别墅、叠加别墅、多层建筑等类型组成。中心广场的西侧为碧湖岛，分为深水和浅水两大区，以满足人们亲水、戏水的需求。小区内环境优美，绿树成荫，亭廊、水车、小桥，起伏的草地、幽静的小路以及自然的石景构筑了安静舒适的居住环境。小区内部一侧为沿街的商业，一侧适当地保留绿化植株，并让周围的绿化环境渗入小区，起到透绿的景观效果。

鸟瞰图

别墅水景

鸟瞰

别墅水景

小区入口

双拼别墅

15 郑州市 绿城·百合公寓

设计单位：浙江绿城建筑设计有限公司
河南省建筑设计研究院有限公司
建设单位：河南中州绿城置业投资有限公司
建设规模：规划用地 33.13 hm²；
总建筑面积 400 000 m²
设计时间：2005 年
竣工时间：2007 年

2007

绿城·百合公寓位于郑州市郑东新区农业东路与众意西路交会处，由多层住宅、小高层住宅、中心会所、商业步行街等组成。规划以相对独立的地块为单位，形成六个较为封闭的居住组团，各组团以不同层数的建筑组合布置，形成围而不合、形态各异的空间格局。

景观设计上外借水系入园，内依园区丰富的立体绿化，结合亲水平台、休闲廊架、中心花园、建筑组团、宅间绿地，营造了静谧、舒适的居住环境。人车分流的道路系统构成了安全、便捷的路网结构，为居民出行提供了方便。小区设有直通住宅楼的地下车库，使机动车进入小区可就近入库，而地面上沿绿化带设置步行道，使景观、建筑、休闲场所自然融合。

在建筑设计中，为了打破平地的单调进行了缓坡处理，使得地平线构成富有变化；建筑高低错落，道路铺成弯曲的流线型；建筑立面用赭红色石材与土黄色涂料搭配，并配以江南民居式的黛瓦坡屋顶，跌宕参差，演绎出一片写意的情景生活。

中心庭院

沿街建筑

沿水步道

宅间野趣

16 郑州市 绿都城

设计单位：	都林国际设计公司
	澳大利亚迪恩兹景观有限公司
建设单位：	宇通集团绿都置业
建设规模：	规划用地 23.34 hm²；
	总建筑面积 380 000 m²
设计时间：	2006 年
竣工时间：	2010 年

2010

绿都城位于郑州市中原路与西环路交会处。这个地块有 80 多年的工业历史，各个时期的工业遗迹和早年种植的林木遍布其中，为尊重地块的原有文化积淀，在规划上确立了“后街区”的主体定位，将原有的工业符号（铁路、水塔、厂房）及生态树林等保留下来并以现代元素加以演绎，使区域文化得以再生。同时，绿都城强调人文情怀，以开放取代围合，以共生取代分割，构建融合、便利、自由、共生的“后街区”生活。基地保留了 118 棵原法桐形成的旧厂区林荫路和花园；旧厂房立面被赋予现代材料和形式，改造成为晶莹剔透的社区会所；老的铁路和水塔则渗透在景观的规划中，成为标志性的要素——新旧对比营造出浓厚的历史感、文化感，提升了小区的文化内涵。

鸟瞰图

宅间绿化

建筑外观

宅前绿地

景观小品

户型平面图

17 郑州市 曼哈顿广场

设计单位：中国核电工程有限公司郑州分公司

建设单位：河南升龙置业有限公司

建设规模：规划用地 11.3 hm²；总建筑面积 896 000 m²

设计时间：2009 年

竣工时间：2010 年

2010

曼哈顿广场位于郑州市金水路与未来路交叉口，是一个集居住、办公、商业、娱乐休闲等多种功能于一体的高层高密度城市综合体。规划地块以金水路为轴线分为南北两个区域，金水路北侧以金融办公、商业为主，南侧以住宅、商业步行街为主。

底层大型商场和步行商业街为人们提供了购物、休闲、公共服务和娱乐的场所。高层住宅采用板式布局，建筑造型采用连续的弧形阳台，通过窗套、檐口、栏杆等细部的雕琢及沉稳含蓄的色调，使建筑显得端庄而不失亲切，精致而不繁琐。在设计中同时关注“第五立面”，采用简洁的几何造型构成了丰富的屋顶形式。

总平面图

建筑外观

建筑外观

商业街

鸟瞰图

户型平面图

18 郑州市 美景天城

设计单位：德国维思平建筑设计咨询有限公司
深圳华汇设计有限公司
建设单位：河南美景置业有限公司
建设规模：规划用地 35 hm²；
总建筑面积 868 000 m²
设计时间：2003 年
竣工时间：2008 年

2008

美景天城位于郑州市迎宾大道，规划布局以大社区的概念展开，通过道路划分为英、法、意、荷四国不同建筑风格的组团，并以一条生态带将四个组团以街区布置的方式有机地串联在一起。各个组团的入口形象成为其风格标志。

小区实现立体绿化，标志性的组景、对景、街景和庭院交相辉映，层次鲜明，步移景异，使周边环境与社区景观完美地融为一体。多元化的不同组团和空间形态，或阳光活力，或宁静淡泊，或唯美浪漫，给居住者不同的生活体验。

水景

小区入口

入口景观

宅间景观

小区大门

Selected Architecture in Central China

19 郑州市 普罗旺世

设计单位：上海建言建筑设计有限公司
同济大学建筑设计研究院
建设单位：信和（郑州）置业有限公司
建设规模：规划用地 107 hm²；
总建筑面积 1 600 000 m²
设计时间：2005 年
竣工时间：2009 年

2009

普罗旺世位于郑州市国基路与索凌路交会处，由多层、小高层、高层住宅和双拼别墅组成。区内规划环状道路，以地中海广场为核心分成六个组团，包括商业街、教育区、居住组团、内部公园等。布局采用沿路网围合的形式，整体围合感较强。景观设计因地制宜、疏密有致、层次分明，既能分隔空间，又能改善社区微气候。街区小广场、园艺小品、水体景观等组成的沿街景观带，创意来自法国南部普罗旺斯的小镇风格，匠心独运，为居民的户外生活增添了许多乐趣。住宅呈南北朝向，确保每户都有良好日照，在动与静、开放与私密之间构成体贴入微的空间。建筑立面以赭色、灰色、白色为主，色彩明快。错落的布局、层叠的坡屋顶轮廓线、金色的穹形回廊，将欧洲小镇的建筑元素、色彩、形式融合成一体，显示着亲切与温馨。

Residential Architecture in the 21st Century

小区鸟瞰

总平面图

庭园小景

景观小品

组团景观

景观小品

休闲坐椅

溪流小品

景观步道

20 郑州市 清华·忆江南

设计单位：英国 UK.LA 太平洋远景
建设单位：郑州清华园房地产开发有限公司
建设规模：规划用地 4 07.27 hm²；
总建筑面积 3 050 000 m²
设计时间：2006 年

清华·忆江南，中原山水温泉第一城，中原规模最大的温泉社区，北依浩瀚自然山林，极目500亩伴山湖，坐拥万亩黄河湿地，是1 100平方公里黄河滨河公园重要组成部分，项目集墅院、洋房、温泉公寓等多种业态为一体。

项目拥享四环之便捷，五环之先机，武西高速之畅通，真正的实现半小时畅游全城，而“江南春温泉”“中原影视城”作为清华·忆江南的游闲配套，在社区游闲文化基础上增添厚重的历史人文，让作为黄河滨河公园休闲核的清华·忆江南成为中原地区休闲旅游度假的领航者。

小区水景

鸟瞰图

一期枇杷岛全景

建筑实景

联排别墅

五期河院联排

堆石叠水

山水洋房

小区景观

园林景墙

21 郑州市 清华·大溪地

设计单位：英国 UK.LA 太平洋远景
美国 KAS 设计有限公司
投资单位：郑州清华园房地产开发有限公司
建设规模：规划用地 249.3 hm²；
总建筑面积 2 870 000 m²
设计时间：2009 年

清华·大溪地位于中原西路和商隐路交会处，距郑州市西三环仅 12 km，扼守郑西新城核心，交通便利；周边环境优美，刘禹锡公园、李商隐公园等五大主题公园环绕周围。

小区以多层住宅为主，包括酒店式公寓、中高端住宅、花园洋房、联排、叠拼等多元化的建筑形态。景观设计以水为魂，大量运用跌水、溪流等手法营造出户户亲水的环境。优雅和谐的马蹄窗，庄重典雅的铁艺围栏，古朴厚重的毛石立面，配以温暖柔和的白墙和朱红色坡屋顶，让业主仿佛置身在别具风情的异域小镇。

接待中心效果图

鸟瞰图

联排效果图

水景景观效果图

步行商业街效果图

温泉景观效果图

小区景观

22 郑州市 升龙国际中心

设计单位：中国核电工程有限公司郑州分公司
建设单位：郑州尚锦房地产开发有限公司
建设规模：规划用地 27 hm²；
总建筑面积 1 200 000 m²
设计时间：2008 年
竣工时间：2010 年

2010

升龙国际中心位于郑州市淮河路以南、政通路以北，是升龙集团在郑州市中心开发的大型城市综合体项目，涵盖商业区、写字楼、酒店、公寓、高档住宅等多种建筑形态，采用“住宅双地面，商业双首层”的规划理念。

为加强小区建设的整体性，设计者对功能布局、住宅分布、道路系统、绿化系统和市政基础设施统一规划。建筑造型简洁大方，户型选择性较多，多种大户型都拥有入户花园或挑高空中花园，这是该中心的一大特色。

鸟瞰图

建筑外观

建筑外观

建筑外观

户型平面图

23 郑州市 思念·果岭山水

设计单位：澳大利亚五合国际建筑设计集团
浙江大学城乡规划设计研究院
建设单位：郑州黄河大观有限公司
建设规模：规划用地 360.18 hm²；
总建筑面积 210 000 m²
设计时间：2009 年
竣工时间：2011 年

2011

思念·果岭山水位于郑州市西北的邙山南麓，是一处拥有大面积自然生态区的地产项目，集旅游、度假、商务、运动、休闲于一体。园区内拥有约 53 hm²水面、67 hm²园林化森林，绿地覆盖率达 54%。

果岭山水由联排别墅区、叠加别墅区、多层住宅、商业街组成。道路结构自然流畅、灵活多变，景观和朝向兼顾。二期项目以水面、森林为主构成的自然环境为主题。林溪联排别墅区与湖泊、森林、环河、坡地和南面广阔的运动城广场等融为一体。

果岭山水项目以浓郁的地中海建筑风格、错落的建筑轮廓，赋予建筑活力四射的西班牙热情。规划设计的浅水娱乐、水岸休闲、亲水沙滩等多层次立体景观，使整个住区感受到水的灵动、水的惬意。

会所建筑

建筑外观

水岸景观

宅间景观

景观石桥

24 郑州市 天明国际公寓

设计单位：河南恒辉房地产顾问有限公司
建设单位：河南华宸工程建设有限公司
建设规模：规划用地 0.89 hm²；
总建筑面积 51 200 m²
设计时间：2008 年
竣工时间：2009 年

2009

天明国际公寓位于郑州市天明路与东风路交会处，在有限的用地上规划了 3 栋高层公寓，呈三足鼎立之势。公寓对外以简洁、纯净的形象示人，对内则用曲线与圆形体量的住宅楼围合成宜人的院落空间。设计创意源于钢琴的琴键，突出的阳台与钢琴琴键的形象有异曲同工之妙，仿佛随时在等待钢琴家来弹奏出美妙的乐曲，使整个建筑立面充满朝气，同时让建筑充满了艺术气质，创造出新的城市空间形象，成为此地段的标志。

总平面图

建筑外观

裙楼

鸟瞰图

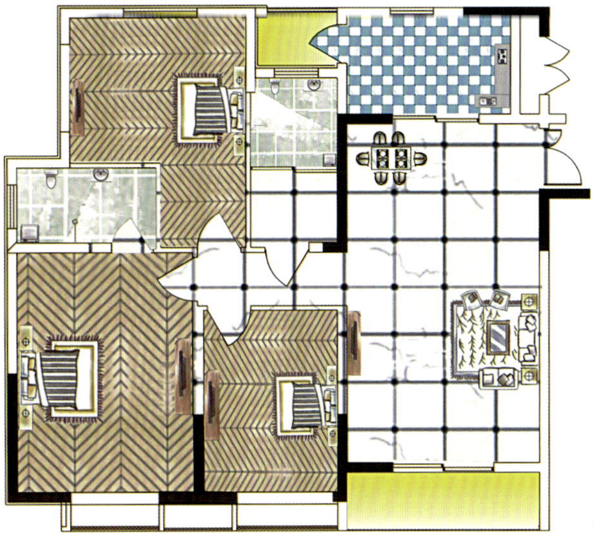

户型平面图

25 郑州市 维也纳森林

设计单位：美国天合建筑设计（香港）有限公司
建设单位：郑州金基置业有限公司
建设规模：规划用地 7.56 hm²；总建筑面积 299 000 m²
设计时间：2008 年
竣工时间：2010 年

2010

维也纳森林位于郑州市中州大道与北环路交会处，紧邻郑东新区 CBD 商务区，毗邻郑州国家森林公园。

小区规划将现代建筑设计与园林艺术和谐地融为一体，总体布局上周边布置高层住宅以争取良好的景观，中间布置多层住宅和配套公共建筑。道路与组团内的圆形广场相连，形成有序的交通系统。

维也纳森林采用简洁明快的现代建筑设计风格，以灰色和白色作为立面的主色调，采用 270° 观景窗、入户花园设计，同时利用阳台的竖向线条打破立面的沉闷，使建筑活泼生动。小区户型布局紧凑，南北通透，居住舒适度高。

总平面图

小区入口

沿街建筑效果图

建筑外观

鸟瞰图

26 郑州市 伟业世纪新城

设计单位：河南徐辉建筑工程设计事务所
建设单位：河南伟业建设投资有限公司
建设规模：规划用地 8.98 hm²；
总建筑面积 119 400 m²
设计时间：2001 年
竣工时间：2003 年

2003

伟业世纪新城位于郑州市经济技术开发区经南三路与经开第一大街交会处。规划采用旋转式的布局方式，打破常规，建筑整体朝向采用南偏东，以求能最大限度争取日照又使总平面富于变化。

道路采用内、外环相结合的形式，内环为圆形，外环沿地界呈方形，沿内环道路布置景观水系，内、外环道路通过弧形道路相连接，弧形道路通过九座小桥联系，小桥的桥头设计成小型广场，有“九龙居水”的寓意。

户型采用独门独户、一户一梯、一户一园、一户一库的联排别墅，体现舒适性、人文性的原则。建筑造型为现代风格，简洁、朴实。

别墅外景

总平面图

宅间通道

亲水平台

户型平面图

27 郑州市 温哥华山庄

设计单位：深圳市筑博工程设计有限公司
建设单位：枫华（郑州）置业有限公司
建设规模：规划用地 18 hm²；
总建筑面积 150 000 ㎡
设计时间：2006 年
竣工时间：2008 年

2008

温哥华山庄位于郑州市郑东新区龙湖南边，是集住宅、商用房和写字楼等多种形态为一体的欧式风情建筑群。

该项目南地块以别墅为主，北地块以多层住宅为主。小区道路实行人车分流，分设人行出入口与车行出入口。

建筑造型以高高的尖顶与老虎窗为要素，呈现出哥特式和文艺复兴风格。建筑立面以浅米黄色配以深红色的主墙面，明快中透着质感，轻松里彰显和谐。

鸟瞰

小区入口

建筑外观

沿街建筑

沿街建筑

中心湖

户型平面图

建筑外观

28 郑州市 橡树玫瑰城

设计单位：	英国 UA 国际建筑设计有限公司
	香港 JAW 捷奥国际有限公司
建设单位：	河南民安房地产开发有限公司
建设规模：	规划用地 47 hm²；
	总建筑面积 600 000 m²
设计时间：	2008 年
竣工时间：	2011 年

2011

橡树玫瑰城，位于中州大道与航海路交叉口向南 800 m 路东，是集多层、小高层、高层住宅和商业设施等多种形态于一体的北美风情建筑群。

项目位于老城区、郑东新区、 郑州经济技术开发区三区交界地带，沿中州大道一侧设置高层住宅和商铺，对周围环境作出回应。规划由东北向西南布置高层住宅、小高层住宅、多层花园住宅和配套公共建筑。

建筑立面设计为两段式，外墙全部采用黄褐色面砖。在景观设计上，结合地形，在湖岸和步道两侧布置造型各异的景石，在绿植选材上以乡土树种为主，辅以部分名贵灌木。小区内连接几个水系的亭子恰到好处地点缀在水景之中，既提供了歇息的场所，也让整个景观有了高低起伏的变化。

鸟瞰图

组团景观

楼间绿地

小区钟塔

OAK ROSE CITY
溪谷景观·地温洋房
Valley landscape, geothermal house
湖畔尊邑·丰实人生
Mellow lakeside town life statue

健身场地

29 郑州市 鑫苑·国际城市花园

设计单位：河南徐辉建筑工程设计事务所
建设单位：鑫苑（中国）置业有限公司
建设规模：规划用地 15.67 hm²；
总建筑面积 412 000 m²
设计时间：2004 年
竣工时间：2006 年

2006

鑫苑·国际城市花园位于郑州市棉纺路与嵩山路交会处，项目以“一轴、两带、六区”为规划原则，利用路网将基地划分为若干组团，结合南北向的景观带形成步行系统。建筑结合地形、水系呈自然分布，打破了呆板的传统行列式布局。社区中心休闲广场、组团中心绿化及宅间景观小品层层渗透，形成了多元开放、景观均好的户外活动空间。

住宅外立面采用简洁的线条组合，大面积紫罗兰灰镶嵌少量的白色，使得楼体色彩和谐统一。小区空间含蓄有致、有张有弛，错落的建筑、红木亭台以及亲水步道，试图创造一种沉稳、淡雅的意境。

中心庭院水景

总平面图

建筑外观

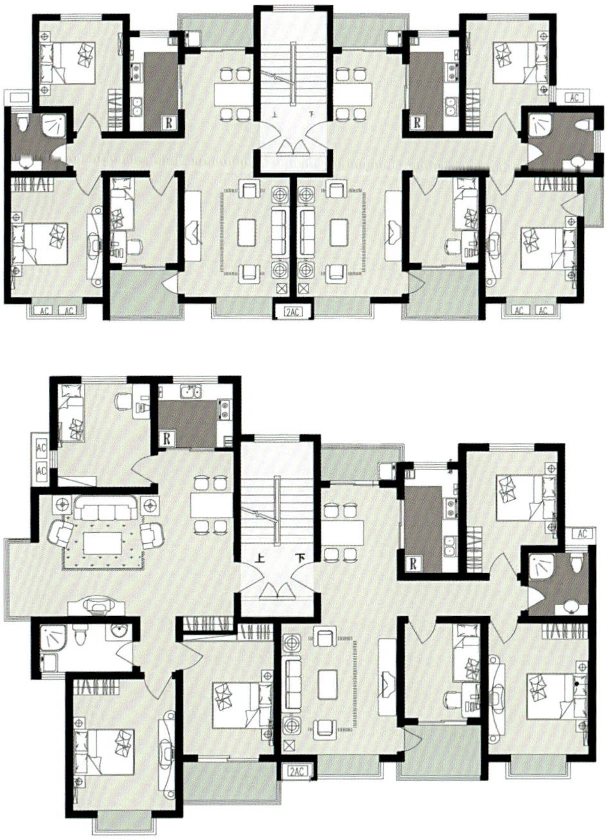

户型平面图

花园庭院

鸟瞰图

水景

绿化景观

户型平面图

30 郑州市 鑫苑名家

设计单位：深圳大学建筑设计研究院
建设单位：鑫苑（中国）置业有限公司
建设规模：规划用地 21.8 hm²；
总建筑面积 350 000 m²
设计时间：2000 年
竣工时间：2004 年

2004

鑫苑名家位于郑州市鑫苑路，东临中州大道，与郑州国家森林公园隔路相望，南邻百米宽的东风渠滨河公园，区位优越。在基地东南角和西侧设置了环形车道，两条步行街作为小区居民的出入口，区内采用人车分流的交通设计。商场、幼儿园、小学、社区活动中心以及室外网球场等公共服务设施较为完善。

多层、小高层等多种建筑形式分组布置，结合点、线、面的景观绿化，形成高低错落、层次丰富的社区空间。

鸟瞰图

住区步行街入口

组团庭院

楼间庭院

建筑外观

步行商业街

水景

水景

水景

住宅入口

31 郑州市 雅宝·东方国际广场

设计单位：	上海建筑设计研究院有限公司
	上海北斗星景观设计工程有限公司
建设单位：	河南雅宝地产有限公司
建设规模：	规划用地 7.47 hm²；
	总建筑面积 280 000 ㎡
设计时间：	2010 年

雅宝·东方国际广场位于郑东新区金水东路与中兴路交会处，是郑东新区的复合式城市建筑综合体，由 5 栋住宅、4 栋写字楼及裙房底商组成，配套有地下室、车库。

项目居于CBD中央商务区、CGD中央政务区、龙子湖、郑东新客站四核中央。南北、东西两轴贯穿，景观流通。整体建筑强调机械化的美，写字楼方中有圆、圆中有方，住宅建筑大量使用直线、对称和几何图形的构成，利用建筑形体本身的韵律、节奏和层次来体现建筑形象。公共空间用石材装点，中庭绿植景观色彩明丽多变，形成 8 大主题花园、6 大水系景观的法式浪漫宫廷园林环境。分布在花园中间 600 年树龄的紫薇树，是中央景观设计中的亮点。同时巧妙借景七里河，出则繁华，入则静谧。在光影、林溪和图形的变幻中，很好地映衬出项目的科学布局和高贵质感。

全景

总平面图

商业街

鸟瞰图

喷泉林瀑效果图

景观走廊效果图

住宅立面效果图

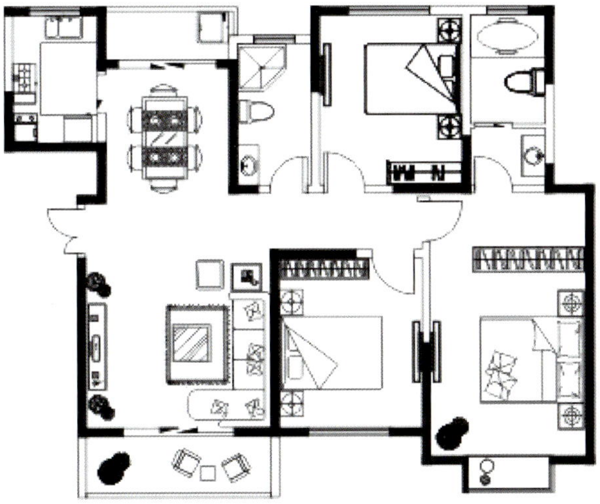

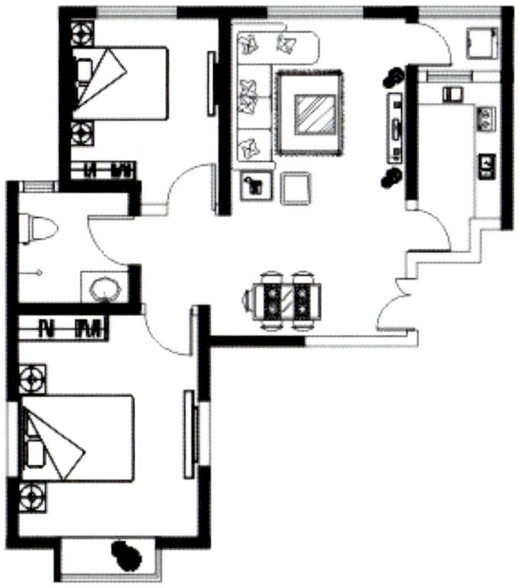

户型平面图

32 郑州市 阳光花苑

设计单位：	澳大利亚贝尔曼事务所
	河南纺织建筑设计院有限公司
建设单位：	郑州煤电长城房产开发投资有限公司
建设规模：	规划用地 13.36 hm²；
	总建筑面积 560 000 m²
设计时间：	2007 年
竣工时间：	2009 年

2009

位于郑州市中原西路的阳光花苑共建 26 栋高层和 4 栋小高层住宅。小区内规划设计有“智慧园”“友仁园”“德风园”“乐天园”“光之门”等十大景观主题园。沿城市干道的商场和区内步行商业街为人们购物、娱乐、餐饮提供了便利。

建筑设计以现代风格为主，线条简洁明快，棕色和白色的穿插搭配进一步烘托出建筑形体的变化，强调“时尚之家”的居住概念。

小区入口采用圆弧形设计，有很好的引导作用。入口两边对称布置，利用底商围合，布置假山、流水和花坛，使小区入口成为城市的一处景观，同时展示了小区优美的形象。

建筑外观

鸟瞰模型

景观步道

建筑外观

绿化景观

地下车库人行入口

建筑外观

户型平面图

33 郑州市 阳光新城

设计单位：深圳筑博设计公司
美国奥斯本景观设计公司
建设单位：河南泰宏置业有限公司
建设规模：规划用地 9.85 hm²；
总建筑面积 250 000 m²
设计时间：2006 年
竣工时间：2008 年

2008

阳光新城位于郑州市东风渠、鑫苑路与中州大道交会处，是一个多层和高层住宅相结合的大型居住区。

沿城市主干道布置高层塔式住宅和商场，丰富了城市街道景观，基地东侧为低密度多层住宅及配套公共建筑，规划布局清晰明确，道路系统顺畅。户型设计家家有入户花园，层层有露台。空中庭院的设计拓展了生活空间，拉近了人与自然的距离。错层式的露台形成建筑优美的韵律与节奏，丰富了建筑的造型。

在小区南北方向设有一条景观带，内外双水景园林将东西两侧的组团连接起来，同时水景以喷泉、跌水、山石等形式向两侧渗透，景观与建筑交融，充分满足居住者休憩、生活的需要。

宅前水景

鸟瞰图

小区景观

住宅入口

宅前水景

地下车库入口

16

自行车棚

文明是城市之魂 美德是立身之本
创建文明城市 共建美好家园
创建文明城市 共创温馨家园
树文明新风，创文明社区，建文明城市!

沿街建筑

34 郑州市 怡丰·森林湖

设计单位：深圳市奥特建筑设计有限公司
建设单位：郑州东风建筑工程有限公司
建设规模：规划用地 46.69 hm²；
总建筑面积 500 000 m²
设计时间：2007 年
竣工时间：2011 年

2011

怡丰·森林湖位于郑州市天河路北段，毗邻黄河湿地公园，自然景观资源丰富。小区主要道路系统清晰明了，将各大分区紧密联系在一起，在人流主要交会处均设有较大面积的活动空间，体现了良好的疏通性和引导性；次要道路不拘一格，形式多样，并沿道路设置别有情趣的坐凳、雕塑和景观小品。建筑由联排别墅、多层住宅、会所、幼儿园、购物街所组成。规划结合山势水体呈自然分布，同时与景观紧密结合，使每户均享有良好的绿地景观。屋顶、墙面、门窗运用不同材质、色彩、肌理，营造出错落有致、清新宜人的地中海风格建筑。

景观设计利用自然优势，加以亲切和谐的人工造景，体现了因地制宜的设计思想，水系景观贯穿小区各个组团，使人造环境与自然环境密切结合、相得益彰。

宅间景观

建筑外观

建筑外观

小区会所

水岸景观

游泳池

35 郑州市 怡丰·新都汇

设计单位：	深圳市建筑设计研究总院
	深圳市世岸景观设计有限公司
建设单位：	河南怡丰置业发展有限公司
建设规模：	规划用地 8.6 hm²；
	总建筑面积 400 000 m²
设计时间：	2008 年
竣工时间：	2010 年

2010

怡丰·新都汇位于农业路与天明路交会处，规划有板式和点式高层住宅，并设置沿街商场、大型商业广场、幼儿园等配套公共建筑。

项目涵盖多种户型，满足不同人群的需求。小区以理想人居为导向，倡导新都市环境下的街区生活方式，追求居住的舒适性，强调生活的品位感。住宅造型简约时尚，白色墙面恰到好处地点缀红色和灰色，极富韵律又不失个性，成为农业路上新的亮点。

小区内建有大型青少年公园和立体水景园林，居住空间舒适，环境优美。

建筑外观

怡丰·新都汇
适合餐饮/娱乐等业态
6012 3333
旺角金铺
40-1100㎡火热销售
6012 3333
农业路掘金地

沿街建筑

建筑外观

楼间景观

景观小品

步道小景

36 郑州市 永威·翰林居

设计单位：	深圳市城市规划设计研究院
建设单位：	郑州市永威置业有限公司
建设规模：	规划用地 11 hm²；
	总建筑面积 141 700 m²
设计时间：	2006 年
竣工时间：	2008 年

2008

永威·翰林居位于郑州市郑东新区龙湖外环南路与九如东路交会处。规划采用行列式布局，建筑风格采用现代与新古典主义相结合，兼顾统一性和单体的多样性，外立面大气、精致、有层次感，通过错落的阳台和飘窗构成建筑立面的韵律感。外墙采用深红色面砖，首层、二层采用仿石面砖，顶层采用灰色涂料，建筑造型清新雅致。

绿地景观设计体现了中国古典园林自由布局的空间意境，小区规划设计与外部河流水景呼应，增强了视觉美感。

鸟瞰图

住宅入口

建筑外观

喷泉小品

37 郑州市 御府三号

设计单位：郑州大学综合设计研究院
建设单位：河南国基置业有限公司
建设规模：规划用地 17.8 hm²；
总建筑面积 300 000 m²
设计时间：2004 年
竣工时间：2010 年

2010

御府三号位于郑州市花园北路与国基路交会处，由多层、小高层、高层住宅组成。规划设计总体呈南低北高、西低东高的态势，不仅能够满足各个单体住宅楼的采光和通风要求，同时也丰富了小区的天际线。

御府三号从功能实用、视觉美感出发，充分考虑人与环境、人与建筑的尺度关系，营造出独树一帜的建筑风格。小区车行道呈环状布置，适当的人车分流，既可保证车辆安全、便捷地到达住宅楼栋，又可使小区中心步行空间不受车辆干扰。建筑风格简约，以深红、浅灰、亚黄三大色系为主，突出个性，强调建筑的可识别性和归属感。在景观设计上，采用传统园林艺术风格，同时融合现代景观设计元素。

鸟瞰图

建筑外观

景观小品

户型平面图

小区景观

户型平面图

Selected Architecture in Central China *Residential Architecture in the 21st Century*

38 郑州市 远大·理想城

设计单位：河南徐辉建筑工程设计事务所
建设单位：郑州未来远大置业有限公司
建设规模：规划用地 33.35 hm²；
总建筑面积 1 000 000 m²
设计时间：2008 年
竣工时间：2010 年

2010

远大·理想城位于郑州市经济技术开发区航海东路与朝凤路交会处，由多层、小高层、高层住宅及会所、商业街等组成。

规划围绕着“一海”“一轴”“一廊”“一街”“四出入口”“十五院落”展开，营造层次丰富的街景轮廓线。在规划中，自西北向东南的景观轴线联系了各个建筑组团，在景观中心布置了会所。组团之间的街巷道路，成为邻里交往的公共空间。整个小区从区外城市街道到区内公共空间，从公共空间到院落空间，再进入私密空间，层层展开，步步递进，展现出有序的空间形态。

理想城采用新古典主义的设计风格，用多种外墙材料与色调创造出一种别具特色的异国情调，在不同的空间节点上布置不同的景观元素，收放自如，独具风韵的建筑在多样景观绿化的映衬下显得更加端庄、典雅。

鸟瞰图

建筑外观

小区入口

内院小景

39 郑州市 正大世纪 · 城市广场

设计单位：机械工业第六设计研究院
建设单位：河南广元置业有限公司
建设规模：规划用地 3.49 hm²；
总建筑面积 114 000 m²
设计时间：2006 年
竣工时间：2008 年

2008

正大世纪 · 城市广场位于郑州市中州大道与农业路交会处，项目由 3 栋 26 层的高层住宅分列在地段南侧，商业部分位于北侧，各功能分区相对独立，通过中心广场联系在一起。在形态上，底层商业围合成半封闭空间与塔式住宅形成体量上的对比。各种交通流线顺畅且商业和居住流线互不交叉，在满足商业所需的同时为居住者营造了一个安静的生活场所。小区还设有大面积的地下停车空间。

住区商业广场入口

建筑外观

建筑外观

宅间屋面庭院

屋面广场绿化

建筑外观

楼间庭院

庭院内景

庭院俯视

水景

绿化景观

户型平面图

41 郑州市 正商·金色港湾

设计单位：河南徐辉建筑工程设计事务所
建设单位：河南正商置业有限公司
建设规模：规划用地 15.94 hm²；
总建筑面积 246 000 m²
设计时间：2005 年
竣工时间：2007 年

2007

正商·金色港湾位于郑州市航海路与未来路交会处，利用路网将小区分为5个组团，车行体系通过内部环形车道组织，使中心景观带及步行系统不受干扰。多层住宅与沿主干道排列的高层点式住宅，结合各组团中心景观带、主题水景和步行系统，使住户获得环境的均好性。点式、板式建筑错层、穿插布置，使小区空间疏密得当、错落有致。

景观布局根据小区内居民的活动性质和空间感受，依据建筑围合成的外部空间设置了各种活动场所，为居住者提供了优雅、宜人的户外活动空间。

总平面图

建筑外观

景观通道

休闲小径

花架、景墙

42 郑州市 正商·蓝钻

设计单位：河南华博建筑设计研究院
上海上房绿化建设有限公司
建设单位：河南正商置业有限公司
建设规模：规划用地 43.4 hm²；
总建筑面积 500 000 m²
设计时间：2005 年
竣工时间：2007 年

2007

正商·蓝钻位于郑州市未来路与航海路交会处，住宅类型有多层、小高层、高层等形式。住区规划呈围合态势，基地边界的东、西、北侧均为高层建筑，中部及南部为多层建筑，形成错落有致的空间效果。环形路网便捷地连接各建筑组团，避免了小区内的人车混行。景观由步道、小广场、亭、台、水榭组成，分布在各个组团，环境优美宜人。

建筑采用现代简约的设计风格，尺度宜人，比例恰当，简洁明快。建筑立面采用灰、白主色调，与室外优美的环境交相辉映。

鸟瞰

组团街景

景观小品

溪水小景

43 郑州市 正商·世纪港湾

设计单位：	上海项秉仁建筑师事务所
	上海北斗星景观设计事务所
建设单位：	河南正商置业有限公司
建设规模：	规划用地 10 hm²；
	总建筑面积 200 000 m²
设计时间：	2007 年
竣工时间：	2009 年

2009

正商·世纪港湾位于郑州市丰庆路与国基路交会处。小区规划采用行列式多层与点式高层相结合的布局，层次分明。在景观构成上，采用点式景观、岛式景观、带状景观层层递进的手法，形成多重的景观轴线。

建筑造型采用现代简约风格，建筑外立面以灰色系为主，干净沉稳，具有典雅时尚的视觉效果。

鸟瞰图

楼间庭院

栈道水景

楼间景观

叠水景观

庭园绿化

44 郑州市 郑东·顺驰第一大街

设计单位：北京墨臣建筑设计事务所
郑州市建筑设计院
建设单位：河南顺驰地产有限公司
建设规模：规划用地 24 hm²；
总建筑面积 310 000 m²
设计时间：2005 年
竣工时间：2008 年

2008

郑东·顺驰第一大街位于郑州市郑东新区东风东路与如意东路交会处，是以水景为主题的居住区。设计思想秉承中国传统文化精神，楼体错落围合成一个个宁静的步行院落单元，通过景观步道、休闲小广场等交通体系与社区中心公园相连通，方便居民的休闲娱乐和邻里间的交往。

建筑立面设计将传统的建筑语汇与现代的构图手法相结合，注重细部的虚实搭配，创造一种简洁明快、精致优雅的美感。天泽街将小区用地分隔开来，设计者顺势沿此路两侧布置步行商业街，为小区居民提供了生活的便利。

总平面图

组团庭院

宅前景观

步行街水景

步行街街景

会所建筑

水景

45 郑州市 郑州大学盛和苑居住区

设计单位：郑州大学综合设计研究院等
建设单位：郑州大学
建设规模：规划用地 44.6 hm²；
总建筑面积 876 000 m²
设计时间：2005 年
竣工时间：2008 年

2008

盛和苑居住区位于郑州大学新校区东门外翠竹街以北地段。

园区规划突出科学宜居，采用“一环”“一道”“一轴”的空间结构。“一环”即功能性交通环路，将园区划分为 5 个组团，环路两侧布置步行商业街及其他公共建筑设施；“一道”即绿化步行道，由西向东贯穿小区各个组团，最大限度地实现人车分流；“一轴”即公共景观轴，园区内的休闲步道自然成为一条迂回曲折的景观线。

园区内部以“小区—组团—院落”的布局形式展开，利用单元的组合方式使板式住宅有长有短，不再单调，整个空间富有变化。幼儿园、小学及社区会所等公共建筑分列休闲步道两侧，点缀在住宅之间，其本身也成为具有观赏趣味的场所。小区规划设计在空间关系处理上呈现的创新性及细节关注，让居住者有丰富的空间体验。

组团绿地

鸟瞰图

总平面图

沿街建筑

休闲步道

组团道路

道路景观

Selected Architecture in Central China Residential Architecture in the 21st Century

46 郑州市 中义·阿卡迪亚

设计单位：	机械工业第六设计研究院
	浙江工业大学规划设计院
建设单位：	郑州中义置业有限公司
建设规模：	规划用地 11.96 hm²；
	总建筑面积 210 800 m²
设计时间：	2005 年
竣工时间：	2007 年

2007

中义·阿卡迪亚位于郑州市郑东新区金水东路与泰山路交会处。小区内以 S 形道路系统将景观从中心区向南北延伸，并与东、北、南向的小区入口空间有机地连成一体；多层、小高层、高层分区布置。小区东临泰山路一侧为底层商铺，主入口处大块的楔形绿地既丰富了入口空间又缓冲了车流对主干道的干扰，区内采用人车分流的道路系统。小区内部的不同空间形态以及空间的收放、曲折、渐变，避免了地块狭长的空间单调感。建筑三段式立面采用灰、白、红三色，建筑形体凹凸有致、富于变化，坡顶屋脊处的烟囱装饰具有传统建筑的韵味，建筑整体典雅清新又不失时尚。

水景

总平面图

小区景观

建筑细部

沿街建筑

47 郑州市 中原桂冠

设计单位：北京盛联阳房地产经纪有限公司
建设单位：郑州中实房地产开发有限公司
建设规模：规划用地 6.7 hm²；
总建筑面积 94 000 m²
设计时间：2005 年
竣工时间：2007 年

2007

中原桂冠位于郑州市花园北路与英才路交叉口西 300 m 处，是一个集居住、度假、运动为一体的低密度住宅小区。

小区内以环状路网方便而紧凑地将各组团联系起来。住宅多为大面积的户型设计，庭院、阳台、花园等设计元素丰富了景观空间。立面设计为三段式，屋面平顶与坡顶结合，轮廓突出，外墙大面积采用红色和白色，注重细节的刻画。在景观设计上，结合水景和景观步道种植不同种类的桂花，与小区名称相呼应。

总平面图

小区入口

宅前景观

宅间绿地

宅侧绿化

48 开封市 开元名都·金池名郡

设计单位：	美国 WATG 建筑设计公司
	香港贝尔高林建筑景观规划设计有限公司
建设单位：	河南开元名都置业有限公司
建设规模：	规划用地 93.33 hm²；
	总建筑面积 130 000 m²
设计时间：	2004 年
竣工时间：	2008 年

2008

开元名都·金池名郡位于开封市经济技术开发区郑开大道与金明大道交会处。小区强调“以人为本”的设计原则，在规划设计上采用半私密空间、淡化组团的手法，突出院落空间，在尺度上亲切宜人。

设计者结合区域的人文特色和景观规划，运用水系将整个住宅区分为 4 个组团：独立别墅、联排别墅、双拼别墅、叠加别墅，小区碧水环绕、树绿草青，将东方园林的元素较好地融合在社区的景观营造之中。

建筑布置错落有致，采用新古典主义建筑风格。建筑色彩多采用暖色调，亲切宜人，明亮的建筑与 20 hm²金明池公园水景及绿化带交相呼应。小区从规划、建筑、景观上营造了温馨与雅致的氛围，为居民创造了优美的生活环境。

别墅群庭院

别墅外景

联排别墅外观

水景

中心湖景

中心湖景

49 开封市 宋城雅居

设计单位：郑州市建筑设计院
建设单位：郑州一建置业有限公司
建设规模：规划用地 3.4 hm²；
总建筑面积 100 000 m²
设计时间：2007 年
竣工时间：2010 年

2010

宋城雅居位于开封市金明大道与宋城路交叉口向西 200 m 处。规划理念为在空间形态上既能提供完善的生活功能，又能营造舒适宜人的居住环境。小区主要由高层住宅组成，建筑色彩艳丽明亮、富有活力；采用围而不合的建筑形式，既保证了空间的开放性和参与性，又保证了建筑的私密性。小区内采用人车分流设计，车辆、行人各行其道，保障了区内活动的安全。

景观设计上以自然、生态、优雅为目标，以生态园林理论为指导，按照“人与自然共生”“森林引进城市”“步移景异”的要求，以乔木为主，结合灌、草、藤、竹进行绿化，并搭配庭院内的各种硬质铺装，将景观绿化、步行街及会所等多种要素综合考虑，创造了丰富的景观环境。中央水系蜿蜒贯穿，亲水广场、假山、跌水相映成趣，清澈水流遍布园区，形成了坡景、水景相融合的高品质景观。

建筑外观

院内水景

50 洛阳市 栾川·枫丹白露

设计单位：河南智博建筑设计有限公司

建设单位：河南天地辉煌置业有限公司

建设规模：规划用地 8.66 hm²；

总建筑面积 85 000 m²

设计时间：2006 年

竣工时间：2008 年

2008

栾川·枫丹白露位于栾川县城东开发区米家沟、道教圣地老君山主峰以北的凤凰山上。在此既可俯瞰县城全貌、遥望君山广场，又能直面波光潋滟的伊河。

规划设计以水为前景、山为依托，并与自然资源和居民生活相结合，突出地域性，力求达到建筑与环境的交融。

小区分为多层住宅区和别墅区两部分，多层区设在小区北部，地势较为平坦，别墅区设在地形起伏的山谷地带，顺势布局，错落有致，富有变化。建筑外观采用白色墙面和红色屋顶，形成清新典雅的建筑风格，增添了小区的亲和力。

鸟瞰

小区景观

双拼别墅外景

组团道路

室内

51 洛阳市 洛南新区公务员住宅小区

设计单位：中色科技股份有限公司

建设单位：洛阳市公务员小区建设指挥部

建设规模：规划用地 25 hm²；

总建筑面积 660 000 m²

设计时间：2006 年

竣工时间：2010 年

2010

洛南新区公务员住宅小区位于洛阳市洛南新区太康路与龙门大道交会处，在总体规划中以贯穿用地东西向的水系景观走廊为主轴，均匀串联起各主要公共空间和各个居住组团，形成“一轴、一心、多组团”的空间结构模式，具有较好的整体性与秩序感。

小区的四个组团均由多栋高层住宅围合而成，有着强烈的向心性和中心感。建筑立面造型简约，色调以淡雅的米黄色系为主，在建筑的顶部檐口、单元入口等重点部位加以鲜艳明快的色彩，使建筑外观更为生动。

建筑外观

建筑外观

小区景观

鸟瞰图

楼间绿地

52 洛阳市 顺驰·第一大街

设计单位：	新加坡山鼎国际设计有限公司
	郑州市建筑设计院
建设单位：	洛阳顺驰房地产开发有限公司
建设规模：	规划用地 24 hm²；
	总建筑面积 310 000 m²
设计时间：	2004 年
竣工时间：	2005 年

2005

顺驰 · 第一大街位于洛阳市洛南新区内，北临古城南路，东依 30 m 市政绿化带与龙门大道相邻，西侧为定鼎大街，南侧为体育大道。

规划布局疏密有致，小区两侧沿街商铺与住宅完全分开设置，相对独立。不同的住宅单体结合空间布局，错落围合成一个个宁静的步行院落单元。不同的组团由水系串联起来，使整个小区严谨中不失活泼。规划的外环道路将小区串联，路网的设计采用适当人车分流的方式，并与地下停车场相结合，减少了机动车穿行小区内部对环境的影响。

建筑设计中将传统的建筑语言加以提炼概括，结合现代时尚的设计理念，使得小区内既有怀旧的浪漫情怀，又有现代的都市生活情调；同时巧妙运用现代的构图手法，注重细部的虚实搭配，创造一种简洁明快又不失细致优雅的美感。

景观设计中以“可持续发展”为设计理念，由步道、小广场组成的街巷体系，将小区中心公园与每个院落连接成整体生态体系。采用大片集中绿地与带状、点状绿地共生的理念，处处精心筹划，使所有的住房均享有良好的小区环境和景观，创造一种现代生态社区。

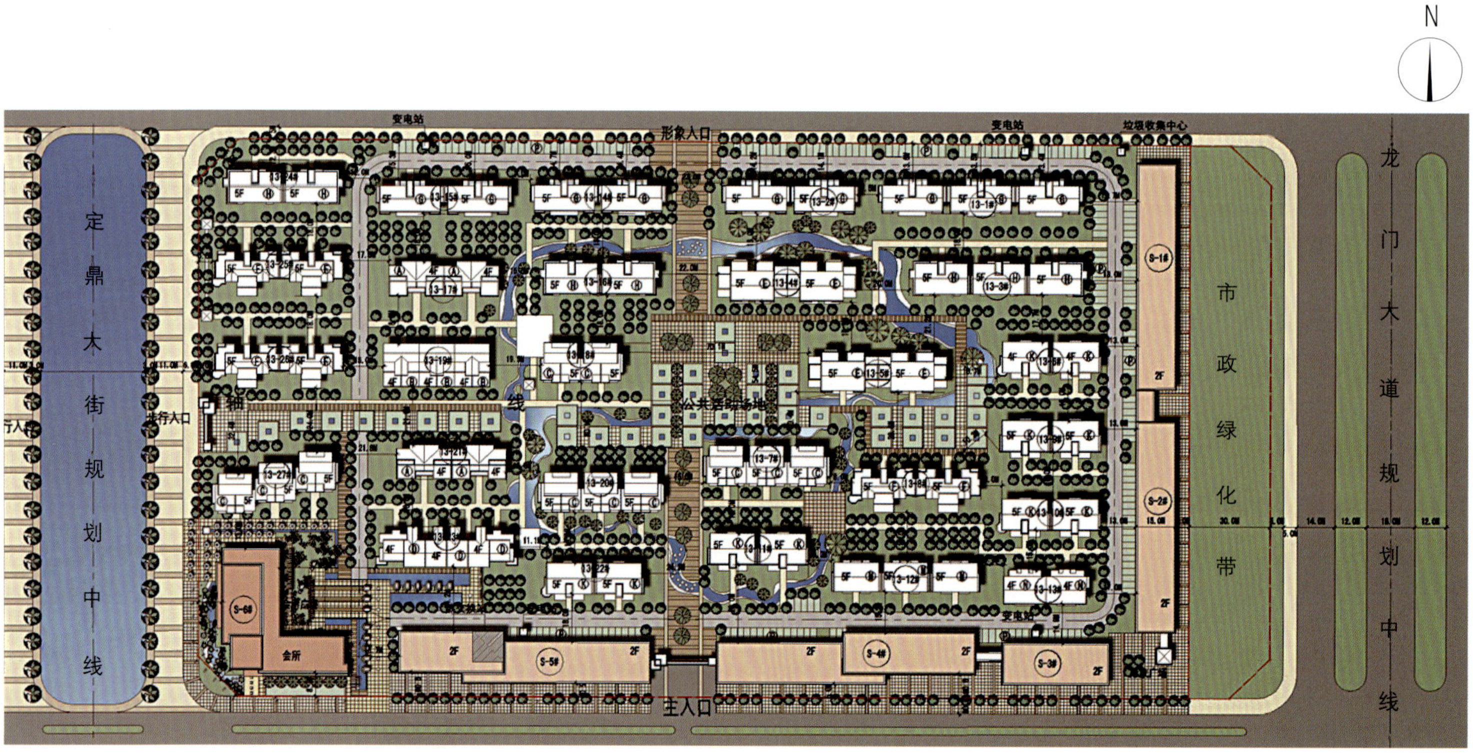

总平面图

建筑外观

建筑外观

小区入口

休闲广场

室内

53 洛阳市 顺驰·世府名邸

设计单位：美国 EDSA 景观设计公司
建设单位：洛阳顺驰房地产开发有限公司
建设规模：规划用地 7.67 hm²；
总建筑面积 164 000 m²
设计时间：2007 年
竣工时间：2009 年

2009

顺驰·世府名邸位于洛阳市新区市委市政府旁，北临新区商业主干道太康路，南至政和路，西临长兴街，东临厚载门路。

规划设计为弧形曲线布局，将社区有机串联起来，形成标志性的建筑群，开合之间既可避免行列式布局的单调，又克服了单一围合式的空间闭塞。小区总体布局上，建筑呈南北 4 排布局，曲线形布置，高低起伏，形成一个 S 形空间结构，北边 3 排为住宅，南区布置一条贯穿东西的步行商业街，实现了住宅与商业区的和谐相处、居住空间与城市生活的完美互动。小区绿化景观以大面积水景为主题，强调大空间、大绿化的景观效果，为居住者提供了惬意的休闲空间。建筑在空间体量上高低错落，形成优美的天际线。

沿街建筑

建筑外观

鸟瞰图

景观小品

步行街入口

步行街广场

步行街街景

54 洛阳市 香港城

设计单位：	深圳国际印象建筑设计有限公司
建设单位：	洛阳南华置业有限责任公司
建设规模：	规划用地 30 hm²；总建筑面积 500 000 m²
设计时间：	2003 年
竣工时间：	2008 年

2008

香港城位于洛阳市涧西区武汉路南段。规划设计注重特色塑造，强调住区环境与建筑、单体与群体、空间与实体的整体性。规划布局采用错落行列式，组团围合感较强，建筑围合成的居住空间尺度亲切、体量适宜；运用弧线道路将多层、高层组团进行分区，采用人车分流的道路形式。

小区环境设计将景观节点均匀分布，并形成各节点之间的沟通和有机联系。设计元素、选材范围、工艺细节都力求精致。现代、简约、浪漫、典雅的建筑立面，线条、颜色与材质的精心组合，让建筑彰显清晰、开放的设计思想。

鸟瞰图

建筑外观

宅间院落

组团道路

宅间绿地

游泳池

55 洛阳市 御博城

设计单位：郑州大学综合设计研究院
建设单位：河南洛浦御博置业有限公司
建设规模：规划用地 8.1 hm²；
总建筑面积 242 000 m²
设计时间：2003 年
竣工时间：2007 年

2007

御博城位于洛阳市洛河北岸，毗邻洛浦公园，北临丽春东路，南靠滨河大道，东西各有新规划路为界，解放路跨河大桥将小区分为东、西两块，是集居住、教育、旅游、商业为一体的综合居住区。其中东地块分为一、二期开发，西地块为第三期。为了使三期的开发各具特色又浑然一体，穿越桥下的小区主干道将东西地块贯通。为了呼应得天独厚的区位景观资源，小区住宅以板式小高层为主，辅以点式高层，面对河流，近低远高，既满足景观视线，又达成“背山面水”的好风水。小区规划结构寓意江流卷浪，亦如鲜花怒放，象征着涌流不尽的财源福气和牡丹盛开般的颐和祥瑞。

小区主入口

建筑外观

住宅入口

叠石落水

56 平顶山市 0375 首府

设计单位：郑州中建建筑设计院
建设单位：平顶山市朗曼房地产开发有限公司
建设规模：规划用地 6.5 hm²；总建筑面积 67 000 m²
设计时间：2005 年
竣工时间：2008 年

2008

0375 首府位于平顶山市新城区经二路南段西侧，南距白龟山水库仅约 100 m，北接新城区规划的市政文化休闲中心，西接湖滨公园。整体规划根据原地貌南低北高的走势，采用错落式布局，最大限度地与地形相融合，从而保证拥有最佳的采光条件和景观视野。小区道路规划采用人车分流，车行入口与人行入口相对独立，彼此互不影响。

建筑立面造型简约，体现现代建筑特色。建筑色彩以暖色调为主，温馨亲切。在人居环境方面，景观以水系和绿化带为主，蓝色中央水系和钟楼构成了欧式的水景画卷，居住环境环保、绿色、静谧。

联排别墅外观

住宅入口

景观小品

钟楼

57 平顶山市 常绿·九天庄园

设计单位：平顶山市工业民用建筑勘察设计事务所
建设单位：平顶山市常绿置业有限公司
建设规模：规划用地 17.2 hm²；
总建筑面积 270 000 m²
设计时间：2003 年
竣工时间：2006 年

2006

常绿·九天庄园位于平顶山市祥云路与崇文路交会处，地处新城区中心地段，可观望秀丽的白龟山水库。

整个小区依山傍水，与小区内景观相得益彰、辉映成趣。规划将人文关怀的设计理念融入小区中，充分利用原生的坡地构造，形成自然式的台地，建造公共和半公共的院落空间，增强居民对社区的认同感和归属感。通过人车分流的道路将景观从中心区带状向南北延伸，自然渗透、贯穿于东西两侧的院落空间，并与各入口空间连成一体。

建筑立面造型简约，建筑色彩以淡雅的灰色系为主，辅以白色，建筑形体凹凸有致，坡屋顶的处理增加了天际线的起伏，使建筑整体典雅清新又不失时尚，回归自然质朴的生活内涵。户型设计、各功能空间有机组合多样合理，在确保住户的舒适感和安全感的同时，充分考虑景观给视觉带来的引导和通达作用。

总平面图

建筑外观

沿街建筑

鸟瞰图

58 平顶山市 亿升·城市花园

设计单位：福建俞林陈建建筑事务所
建设单位：平顶山市亿升房地产开发有限公司
建设规模：规划用地 2.7 hm²；总建筑面积 110 000 m²
设计时间：2007 年
竣工设计：2009 年

2009

亿升·城市花园位于平顶山市矿工路与劳动路交会处，项目由 9 栋高层建筑矗立于市区核心商圈，成为新地标。规划布局采用板式建筑和点式建筑相结合的手法，住宅建筑通过运用阳台、飘窗、竖向构件等建筑元素取得灵活变化的立面效果，砖红色调的外墙使建筑更富现代感。

规划上将传统园林手法运用到景观中，小区中心大型的人工湖、适度的人车分流，充分保证了社区中心环境的完整、宁静和安全。合理的户型和观景阳台可满足不同住户的需求。阳光、鲜花、水景、绿荫构成的生态园林小区，创造了良好的人居环境空间。

建筑外观

绿地景观

景观小品

59 安阳市 枫林水郡

设计单位：同济大学建筑设计研究院
江苏园林景观设计院
建设单位：安阳贞元房地产开发有限责任公司
建设规模：规划用地 20 hm²；
总建筑面积 300 000 m²
设计时间：2007 年
竣工时间：2009 年

2009

枫林水郡位于安阳市文峰大道与钢花路交叉口向北300 m处，是一个集住宅、商铺、写字楼于一体的建筑综合体。总体规划以组团绿地与中央景观带相结合，以“高度加深度，自然‘心’空间”为核心主题，采用宽大的楼间距，使建筑显得大气和成熟。

建筑立面以灰色为主色调。景观设计融入了中国古典园林精致、细腻、多层次的风格，使小区景观实现了“人在画中，庭院深深，步移景异”的效果，使人们在工作之余得以品味自然的情趣。

沿街建筑

建筑外观

小区景观

60 安阳市 京林·中央公园

设计单位：北京三磊建筑设计有限公司
建设单位：河南京林地产开发有限公司
建设规模：规划用地 13.3 hm²；
总建筑面积 330 000 m²
设计时间：2006 年
竣工时间：2010 年

2010

京林·中央公园位于安阳市文峰区永明路 6 号，地处城市核心位置，毗邻市政府、客运东站、中国文字博物馆和占地 33 hm²的生态公园——易园。

项目规划以“高舒适度”“低能耗”“环保经济”等为设计理念，多层住宅与高层住宅相结合，户型设计合理，规划设计的 6 000 m²中央景观园林，60 000 m²商业中心以及 2 000 m²社区会所，为居住者提供丰富多彩的都市生活。建筑立面采用不同材质搭配对比，配以典雅丰富的色彩，使小区的建筑形象生动鲜明。

建筑外观

建筑外观

建筑外观

宅间庭园

景观小品

61 新乡市 博远·龙郡

设计单位：北京莫尔莫建筑设计有限公司
建设单位：新乡市博远置业有限公司
建设规模：规划用地 2.75 hm²；
总建筑面积 70 000 m²
设计时间：2007 年
竣工时间：2010 年

2010

博远·龙郡位于新乡市和平路与荣校路交会处。项目从建设的整体性出发，对功能布局、住宅分布、道路系统、绿化系统、商业配套布局和基础设施进行统一规划。小区以高层为主，坐北朝南，依水而立，高低错落，采用现代主义风格，创造出现代城市的空间形象。流线型的落地长窗与白色的分层带，使得建筑立面清晰而舒展，颇具动感。底层商铺与住宅立面相互呼应，构成一个有序延展的开放空间。

建筑外观

组团道路

62 新乡市 金龙花园

设计单位：中南建筑设计院
建设单位：金龙集团公司
建设规模：规划用地 16.7 hm²；
总建筑面积 170 000 m²
设计时间：2003 年
竣工时间：2005 年

2005

金龙花园位于新乡市高新技术开发区东干道与南二环交会处，以提供交流空间、促进人际和谐及人与自然的和谐为规划宗旨，在相对有限的空间中拓展无限的视觉效果，塑造城市的生态空间。

小区内布置有别墅和高层住宅等多种建筑形态，组团分区明确。建筑错落有致，围合出宁静的步行院落单元，构筑了传统空间氛围，体现了地域人文特色。在设计中以简约的建筑风格为主，辅以中国传统的坡屋顶，注重建筑文化的体现，显示建筑的个性。

环境设计采用开阔、明朗的设计手法，使景观空间与建筑空间相互贯穿渗透，构成景观绿化系统的条理和秩序，既造就了绿地空间的整体性，又营造了空间形式的多样性，形成“窗窗有景、户户有花”的自然化空间。广场、土山、小桥、流水、亭台、楼阁使整个花园丰富多彩，整个小区掩映在绿色之中。

中心湖水景

双拼别墅

湖岸别墅

沿街建筑

63 新乡市 隆基·枫华源

设计单位：新乡市建筑设计院
建设单位：新乡隆基房地产开发有限公司
建设规模：规划用地 9 hm²；
总建筑面积 100 000 m²
设计时间：2003 年
竣工时间：2005 年

2005

隆基·枫华源位于新乡市新飞大道与道清路交叉口向东 300 m 处，总体规划创意新颖、主题突出，强调因地制宜、资源共享、布局合理、层次分明的设计理念。南北以一条中央水景绿化带贯穿，最宽处达 45 m，面积约 7 300 m²，其中包括大型音乐喷泉广场、缓坡绿地、弧形花架、图腾广场、观瀑亭、生态园、挂帘瀑布等一系列景点。小区会所以东是一片约 1 300 m²的树林，配以独特的象棋坐椅排阵，凸显小区的独特风格。

作为自由和诗意的载体，建筑形式以庭院式多层住宅为主，联排别墅为辅。小区的楼间距大，并以绿地填充其间，增大了绿地面积，保证了住宅的私密性，营造出“户户有景，处处有绿”的生活场景。

建筑外观

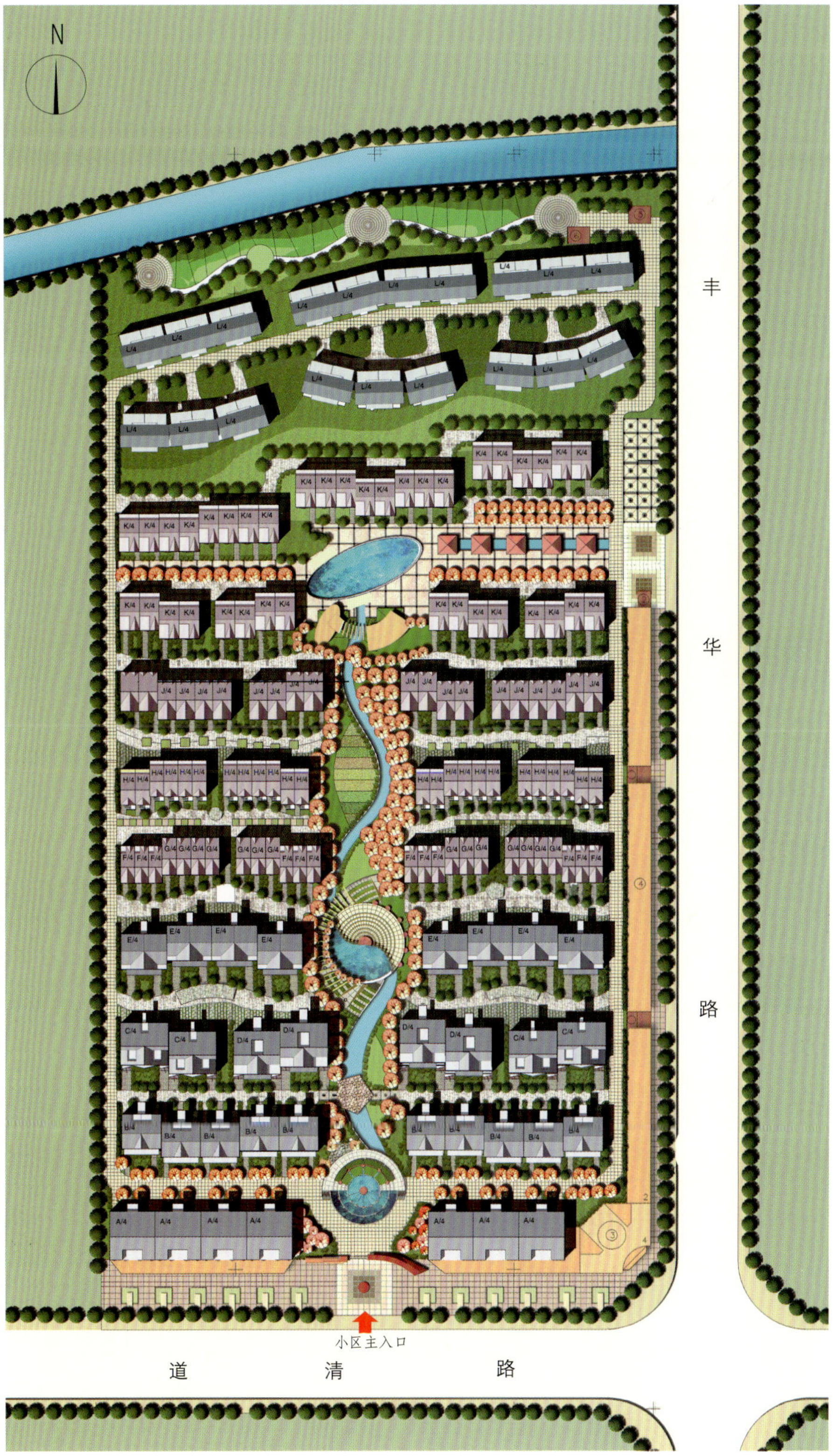

总平面图

建筑外观

建筑外观

鸟瞰图

64 新乡市 刘庄新村

设计单位：	东南大学建筑研究设计院
建设单位：	新乡市七里营刘庄村
建设规模：	规划用地 15 hm²；
	总建筑面积 225 000 m²
设计时间：	2002 年
竣工时间：	2008 年

2008

刘庄新村位于新乡市七里营。新村住宅是将农村特色与城市化生活相结合的新农村建筑，是集消防、通信、保安等自动化系统为一体的全方位现代化农民住宅区。全区住宅建设呈组团式，共分 6 个区，每个区内有 2~4 个绿化休闲广场，其间道路纵横交错、宽窄有序，环境优美，舒适宜人。

住宅户型宽敞明亮，并配有中央空调、宽带网、现代家具、闭路电视、电话、车库等，集中供热、供气等设施设备齐全。联排别墅简朴的造型、明快的色彩，勾画了现代农村居住建筑的新面貌，而完善的功能与室内设施则满足了村民的现代生活。

新村住宅设计与社区景观艺术和谐地融为一体，色彩变幻如同跳跃的音符，无声的建筑语言流露出家的暖意。

休闲广场

鸟瞰

联排别墅

宅间道路

中心休闲广场

65 新乡市 世纪村

设计单位：深圳天际线建筑设计咨询有限公司
机械工业第六设计研究院
建设单位：新乡市世纪置业有限公司
建设规模：规划用地 10.4 hm²；
总建筑面积 197 000m²
设计时间：2006 年
竣工时间：2009 年

2009

世纪村位于新乡市红旗区平原路与新中大道交会处。规划设计充分考虑中原气候特征，打破传统的行列式组合，采用半围合式组团设计，建筑体块高低错落，在有限的面积内创造出不同的空间。

建筑立面风格简洁，体现新现代主义风格。外墙肌理以及建筑细节优雅、现代。景观设计模拟“植物绿色细胞组织”，采用多层生态区域的辐射状发散布局。软（自然绿地）硬（平台硬地）结合、高（绿地草坪）低（车库平台）错落、直（景观轴线）曲（宅间小径）交叉，多重空间形态和谐有序。

高层住宅建筑外观

建筑外观

宅间小径

景观步道

小区景观

小区景观

66 新乡市 维多利亚城

设计单位：上海交大安地建筑设计有限责任公司
建设单位：河南中房建谊置业有限公司
建设规模：规划用地 4 hm²；
总建筑面积 220 000 m²
设计时间：2005 年
竣工时间：2009 年

2009

维多利亚城位于新乡市和平路与平原路交会处的卫水河畔，以高层板式住宅为主。小区依卫河而建，内部 1 hm²多的中心绿地为居民提供了休闲活动场所。规划以功能、节能、舒适、安全、配套为主线。小区采用完全的人车分流体系，所有车辆停入大型地下车库。建筑风格清新自然，建筑造型融合东西方文化特色，凸显现代气息。

在景观设计上，内部园林与沿河景观园林相结合，为居住者提供了一个优美自然的环境。

小区入口

建筑外观

建筑外观

建筑小品

鸟瞰图

67 新乡市 亿隆·欧洲小镇

设计单位：洛阳华艺建筑规划设计有限公司
建设单位：河南省亿隆房地产开发有限公司
建设规模：规划用地 33.5 hm²；
总建筑面积 118 000 m²
设计时间：2009 年
竣工时间：2010 年

2010

亿隆·欧洲小镇位于新乡市长垣县新城中央生活区，东临博爱路，北依文明路，南靠新长线，是长垣县新城规模最大的复合型住宅社区。小区以“创造城市新生活”为理念，依托优越的自然和人文环境，设计出高品质、低密度的纯居住社区。小区规划强调因地制宜、资源共享，体现了布局合理、层次分明的设计理念。整个小区共分为三大功能区：住宅区、社区中心和交通系统，营造了理想的人居环境。

建筑立面富于变化，沉稳而不失灵动，采用多元化的设计手法，阐释了新时代的建筑美学理念。小区创造出有文化、有归属感、多元共生的生活氛围，将住宅与环境巧妙融合，形成和谐、自然、宁静、诗意的居住环境。

中心广场

建筑外观

宅间道路

宅间绿化

中心广场

中心广场喷泉

双拼别墅外观

组团道路

68 焦作市 峰华·都市花园

设计单位：河南东方建筑设计有限公司
建设单位：焦作市峰华房地产有限公司
建设规模：规划用地 23.33 hm²；
总建筑面积 300 000 m²
设计时间：2003 年
竣工时间：2010 年

2010

峰华·都市花园位于焦作市景观大道——人民路西端。基地被南北向的城市干道穿过而划分为东西两个地块，小区主道路采用环状的路网骨架，将地块和各功能组团进行了串联，次干道以自由弧状道路配合行列式住宅布局的适当错列，既打破了一般形式的单调感又赋予小区空间的变化。小区内规划有北美风情商业街、住户阳光休闲俱乐部，以及公共健身区域、五彩中庭广场、中心景观等众多休闲、观赏设施。

建筑通过阳台、飘窗、竖向构件等建筑元素的运用取得了灵活变化的立面效果，形式灵巧，颜色亮丽。花园洋房和板式小高层错落有致，多样协调。小区的景观绿化点、面结合，均匀分布，使人们在休闲漫步中体验到环境的和谐之美。

总平面图

建筑外观

建筑外观

弧面住宅

沿街建筑

69 焦作市 金德利·西城美苑

设计单位：上海大磊建筑设计技术有限公司
建设单位：焦作市金德利房地产开发有限公司
建设规模：规划用地 13.33 hm²；总建筑面积 260 000 m²
设计时间：2007 年
竣工时间：2011 年

2011

金德利·西城美苑位于焦作市解放路与普济路交会处，紧邻城市商业中心。小区划分为两个功能区：商业功能区沿城市道路呈外向型布置，居住功能区紧紧围绕中央景观轴形成多样的住宅组团。

住宅类型分多层、小高层和高层。高层布置在中心区核心区内，小高层沿街布置在基地外围，多层集中布置在基地内部，形成社区内围合的庭院式组团。建筑外观融入现代元素的“海派”建筑风格，灵动丰富。小区景观着意处理好园林特色与公共活动场地之间的关系，使两者彼此交融，提供居住与休闲两种不同的生活模式。南北方向的 500 m 主题水景更增添了小区的景观品质。

建筑外观

建筑外观

景观小品

鸟瞰图

70 焦作市 龙源世家

设计单位：河南东方建筑设计有限公司
建设单位：焦作市城新置业有限公司
建设规模：规划用地 16.21 hm²；
总建筑面积 150 000 m²
设计时间：2006 年
竣工时间：2009 年

2009

龙源世家位于焦作市新区“龙源湖生态居住区”丰收路与塔南路交会处，一条蜿蜒曲折的河流贯穿社区南北，九条小溪支流延伸至每栋楼的前后，与小区内七大自然园林景观相结合，使得四季皆有景可赏。小区紧邻龙源湖，有 1.2 hm²绿化广场。小区采用板式小高层设计。

整个小区由水景、绿地与基地内原有的水、木、树构成生态景观，小区强调景观的均好性，景观延伸到建筑空间中，提升了小区的居住品质，营造了一个会呼吸的生态小区。

小区入口

建筑外观

建筑外观

组团水景

庭院一角

Selected Architecture in Central China *Residential Architecture in the 21st Century*

71 焦作市 美中城

设计单位：福建闽武建筑设计院有限公司
建设单位：美中名豪（焦作）置业有限公司
建设规模：规划用地 11.33 hm²；
总建筑面积 200 000 m²
设计时间：2006 年
竣工时间：2009 年

2009

美中城位于焦作市新区人民路，基地沿城市主干道南北向展开，其名称寓意“众美云集、享乐之城”。小区规划了 20 余栋多层、高层住宅，宽大的入口、景观中心和商业街的设计是小区的点睛之笔。

在户型设计上，打破了传统的住宅空间布局，设计了入户花园、室内错层、独立观景餐厅、主卧带健身房等空间结构，提升了居住质量。错层、越层、底层架空层、大空间通廊，使居住者感受到空间的渗透与流动。小区设计了各具特色的 12 处景观，小区居民可在此体验来自不同国度的异域风情。

建筑外观

沿街商铺

雪景

绿化水景

鸟瞰图

72 焦作市 亿祥东郡

设计单位：	浙江大学建筑设计研究院
建设单位：	焦作市亿祥置业有限公司
建设规模：	规划用地 19.2 hm²；
	总建筑面积 250 000 m²
设计时间：	2008 年
竣工时间：	2010 年

2010

亿祥东郡位于焦作市人民路与文渊路交会处。基地地块方正，由瓮涧河、人民路、文渊路、恩达路围合而成，视野开阔，环境优美。规划采用低容积率、低建筑密度的多层住宅布局形式。

设计者力求创造新型居住空间环境，实现日照、朝向、通风、景观的均好性，并提出了全新的建筑规划理念——街区的居住模式，最佳的朝向和景观，统一中求变化的建筑形态，以及多元复合的空间意象。

住宅采用三段式外立面，色彩丰富且不失稳重。景观以坡地为主，以错落的高度、变化的形体交织以路、广场等多种元素，形成收放有序的景致。

建筑外观

建筑外观

建筑外观

台阶小品

绿化景观

组团水景

73 焦作市 银湖别墅

建设单位：焦作市建设开发有限责任公司
建设规模：规划用地 8 hm²；
总建筑面积 30 000 m²
设计时间：2005 年
竣工时间：2007 年

2007

银湖别墅地处焦作市高新技术开发区韩愈路南侧，地理位置优越，北邻焦作市新城区中心广场。规划设计以中心湖为核心，设置环状道路，通过道路将小区分成不同组团，小区西侧是多层住宅，其余为独立式别墅和联排别墅。

小区设置了南北两个入口，景观从北入口展开，并正对中心湖景观区和中心景观轴线，中心广场、假山廊桥、异石绿树无不为小区增添了活力。别墅沿弧线形的湖岸逐次展开，疏密有致，达到了景观的均好性。户型设计多样，面积从 190 m²至 375 m²不等，适应不同阶层住户的需求。

总平面图

鸟瞰图

湖岸别墅

湖岸别墅

别墅水景

景观小品

小桥流水

曲镜波光

74 濮阳市 白云花园

设计单位：濮阳市规划建筑设计研究院
建设单位：濮阳市汇丰置业有限公司
建设规模：规划用地 4.6 hm²；
总建筑面积 95 000 m²
设计时间：2006 年
竣工时间：2008 年

2008

白云花园位于濮阳市中原路和玉门路交会处。小区以建设生态园林化住区为目标，凸显以人为本的理念，巧妙地把满足住户的居住与文化欣赏需求有机地结合起来，集生态环境和现代风格为一体。

小区由中心规划道路分成东西两片，合理的道路网络划分了多个建筑组团。功能分区明确，以加强内部功能组织及方便内外交通联系为原则，有效地实现了人车分流。小区入口的扩大，加强了商业步行街与城市景观之间的联系，同时减少了城市道路对小区环境的影响。

单体设计以多层为主，并沿规划路布置高层商住楼，增强了街道空间景观效果。住宅布局错落有致、间距适宜，大面积的中央绿化景观与建筑有机结合，使住户充分享受自然生态的美好环境。

小区景观

建筑外观

小区景观

小区入口

休闲场地

75 濮阳市 枫林水岸

设计单位：濮阳市规划建筑设计研究院
建设单位：濮阳万厦房地产开发有限公司
建设规模：规划用地 6.4 hm²；
总建筑面积 40 900 m²
设计时间：2004 年
竣工时间：2006 年

2006

枫林水岸位于濮阳市中原路西段马颊河畔，西临京开大道，既享有城市完善的道路交通网络，又与自然水岸景观和谐相融。

枫林水岸在规划上注重绿色环保，追求生态环境、空间环境、文化环境、智能环境和物业管理服务环境的和谐统一。小区主要由别墅类型的居住建筑组成，其中联排别墅为 4 层（含夹层），设有别致的内庭院；而双拼别墅为简明的蓝白色调，突出其西式风格。住宅群以淡雅质朴的冷色为基调，加上不同墙面的细部处理，构成了小区建筑的识别性与归属感。

建筑外立面采用现代欧式建筑的表现手法，以线、面、体等建筑语言构成简洁明快的风格。以西方园林元素（花坛、叠水、围栏、绿篱）构建而成的绿色环保生态园林，与小区仿欧式建筑交相辉映。

叠石落水

建筑外观

景观一角

联排别墅

绿化小品

花坛景观

宅间庭院

76 濮阳市 建业城

设计单位：深圳市建筑设计研究总院（一、二、三期）
河南省建筑设计研究院有限公司（四期）
建设单位：濮阳建业住宅建设有限公司
建设规模：规划用地 40 hm²；
总建筑面积 500 000 m²
设计时间：2009 年
竣工时间：2011 年

2011

建业城位于濮阳市京开大道以西、铁丘路以北、站南路以南，是一个集教育、居住和配套商业为一体的小区。

整体规划采用现代主义风格，根据濮阳龙乡来历，以龙形水系贯穿小区，排布十大主题组团、九大公共庭院，注重人与自然的亲密接触，将绿色由平面发展到垂直空间，用百种珍稀树种形成自然生态的坡地景观，营造处处有庭院的生活氛围。建筑设计以北欧建筑风格为主，采用简约、自然、生态的经典元素，整体线条利落简洁。户型在功能布局上提倡符合现代人生活方式的居住模式，注重居住的自然性、舒适性和健康性，同时采用阳台错位设计，为人们提供一个安静、私密、美观、文明的居住场所。

小区入口

建筑外观

宅前绿化

楼间水景

绿地景观

中心湖

77 濮阳市 景观城

设计单位：濮阳市规划建筑设计研究院
建设单位：濮阳市怡景置业有限公司
建设规模：规划用地 6.67 hm²；
总建筑面积 120 000 m²
设计时间：2004 年
竣工时间：2005 年

2005

景观城位于濮阳市主干道黄河路与长庆路交会处，紧邻龙城经贸区、油田商贸中心，西侧为城市中心公园。

小区规划结合地形及周边环境，力求实现健康、愉悦、时尚的主题，体现“自然美学、社会美学、人性美学”的城市美学观念，构建一个现代、开放、成熟的人文生态区。小区住宅建筑分为三种类型：4 层花园别墅、6 层公寓和 12 层小高层。

景观城以生态环境优先为原则，在景观规划中，力图通过绿化带的形式营造出不论身在何处都有绿色相伴的氛围，位于小区中心的公共绿地和中心广场为居民提供了休闲、聚会的场所。

小区景观

建筑外观

宅前小憩

道路景观

78 许昌市 大地·建安名家

设计单位：河南徐辉建筑工程设计事务所
建设单位：许昌宋基大地置业有限公司
建设规模：规划用地 2.45 hm²；
总建筑面积 44 000 m²
设计时间：2008 年
竣工时间：2009 年

2009

大地·建安名家位于许昌市新街以东、机房街以南、北大街以西。总体规划体现“一步行街、一中心广场、三个景观空间、环形小区主干道”有机结合的布置方式，以创造和谐共生、具有人性化的邻里空间及自然、生态、绿色的健康社区为主要方向。规划充分考虑地块优势，两个围合的组团之间为步行商业街，组团周边均为底商住宅，组团内部小区中心的安静，与外边街道上的喧嚣形成对比，为住户提供了良好的居住环境。

住宅顺应地形采取南北向布局，照顾城市道路街景效果。建筑仔细推敲各个立面要素，力求“面面俱到”的优美外观。

总平面图

建筑外观

商业步行街

79 许昌市 建业·帕拉帝奥

设计单位：	郑州中建建筑设计院 郑州市建筑设计院
建设单位：	许昌建业住宅建设有限公司
建设规模：	规划用地 4.1 hm²； 总建筑面积 100 000 m²
设计时间：	2003 年
竣工时间：	2005 年

2005

建业·帕拉帝奥位于许昌市东城区行政大道与建安大道交会处，由多栋高层住宅围合而成，每个组团强调“内松外紧，内幽外安”，强调多层次物质环境与多元化生活方式相结合。小区由社区空间、组团空间、邻里空间三个层次所构成，并进行各自明确的界定和归属，提供居住环境的归属感和安全感；采用立体交通规划，步行系统与绿化系统相结合，综合解决地面、空间、交通道路的占地问题，减少人行与车行的交叉干扰。

立面采用三段式处理，通过坡顶、线脚等基本元素及材质、细部的运用和设计，体现一定的品位，满足人们怀古的浪漫情怀和现代都市的生活需求。套型设计独特、细致。欧洲新古典景观元素巧妙运用，帕拉帝奥水园、皇家玫瑰园、图林根花园和帕拉帝奥广场相互融合，使小区具有一种独特的异域风情。

商住楼外观

鸟瞰图

建筑外观

小区水景

小区入口

80 许昌市 金石·东方明珠花园

设计单位：西安华宇建筑设计有限公司
许昌华远建筑设计有限公司
河南机电设计院有限公司
建设单位：河南金石地产有限公司
建设规模：规划用地 19 hm²；
总建筑面积 180 000 m²
设计时间：2006 年
竣工时间：2008 年

2008

金石·东方明珠花园位于许昌市东城区七一路。项目以“南加州风情小镇”风格为主题，围绕“宁静、温馨、回归自然”“可持续发展”等思想进行规划设计，以“枝状结构、组团开发”为规划特点，景观带、水系和绿化相配合，突出人、环境、建筑之间的互动关系，为居住小区注入灵性和活力。

小区环境设计围绕“亲水”这一主题，诠释了一种清新、从容、动静相宜的水文化。配套设施充分尊重人性要求，不仅满足居住要求，而且尽量满足人们对休闲娱乐、运动健身、交往沟通及消费、商务等方面的需要。

水池景观

景观小品

休闲活动场地

绿地步道

81 漯河市 双汇·国际花园

设计单位：	香港华城规划建筑设计研究院有限公司
建设单位：	漯河昌建地产有限公司
建设规模：	规划用地 21.3 hm²；总建筑面积 220 000 m²
设计时间：	2004 年
竣工时间：	2006 年

2006

双汇·国际花园紧邻漯河市千亩松江生态公园，位于金山路与黄河路交会处，是一个集花园洋房、小高层、联排别墅、独立别墅为一体的大型复合式居住小区。

总体布局以生态谷为线索，人文景观轴与生态景观轴共生，形成住宅区、配套设施、商业区三大功能分区，将建筑与景观设计完美地融为一体。项目本着“光明设计，健康家居”的户型理念，使空间的序列感与户型的舒适度大大提高。

环境设计以缔造三维绿化空间为目的，综合多样景观元素与艺术小品，如漫步小道、广场、生态谷、果岭、阳光休闲吧、凉亭、喷泉、石桌椅、葡萄廊架等，创造步移景异的效果，使居住者时刻都能感受到大自然的亲切。

总平面图

鸟瞰图

宅前水景

建筑外观

小区水景

幼儿园

82 漯河市 双汇·西班牙玫瑰

设计单位：香港华城规划建筑设计研究院有限公司
建设单位：漯河昌建地产有限公司
建设规模：规划用地 13.3 hm²；
总建筑面积 160 000 m²
设计时间：2006 年
竣工时间：2008 年

2008

双汇·西班牙玫瑰位于漯河市松江新区 CBD（中央商务区）核心区域，交通便利，是一个兼具居住、商业功能的集多层、小高层于一体的大型复合小区。

小区设三个入口，沿环状主干道以行列式布置住宅，中部南北向的景观主轴与东、西入口连贯的景观大道相交叉，形成人车的相对分离。

小区以简化的西班牙风格建筑与景观元素为依托，融入中国传统居住元素，营造出典雅的生活氛围。景观设计以“溪流、阳光、绿色”为主旨，将中国传统的曲径与西方经典的几何广场巧妙结合，并与蜿蜒的水系一起贯穿景观带，为住户提供亲近大自然的享受，以及“绿水绕东城，推窗见流波”的意境。

中心水景

总平面图

组团水系

庭院小品

83 南阳市 盛唐商务苑

设计单位：重庆大学建筑设计研究院
建设单位：南阳市三川房地产开发有限公司
建设规模：规划用地 17.6 hm²；
总建筑面积 400 000 m²
设计时间：2005 年
竣工时间：2008 年

2008

盛唐商务苑位于南阳市独山大道与滨河路交会处，基地背靠独山、面向白河。小区包括点式住宅、板式住宅、三大文化广场、三大水景广场、购物中心、五星级酒店、学校、银行、邮电局、医疗设施等，建筑采用现代主义风格。

在景观设计中，采用“全景观”设计手法，包括白河水景，约 4 hm²滨河绿化带，体育中心，占地 1.3 hm²的三大文化广场（水景文化广场、艺术文化广场、商业文化广场），东、西组团双中心庭院。登楼远望，白河的浩大水面使人心旷神怡。

沿街建筑

中心广场

小区主干道

景观小品

休闲广场

休闲广场

大台阶

84 南阳市 卧龙观邸

设计单位：北京中华建规划设计研究院有限公司
建设单位：南阳鑫东海置业有限公司
建设规模：规划用地 39.77 hm²；总建筑面积 100 000 m²
设计时间：2007 年
竣工时间：2009 年

2009

卧龙观邸位于南阳市卧龙路中心地段，毗邻卧龙岗武侯祠、汉画馆。小区由 5 幢小高层和 4 幢板式高层构成。建筑设计通过不同的装饰材料、线条及色彩来塑造建筑外观，形成其独特的个性与韵味。

设计者注重居住者在文化、心理上对家的热爱，在小区内引进一条形态宜人的水景带，使小区内大部分住户都能感受到流水的温馨与亲切，同时采用现代规划设计与空间和环境的塑造手法，力求创造大气、雅致，集理性与浪漫于一体的现代化居住区。

沿街建筑

驳岸水景

楼间景观

喷水雕塑

景观小品

休憩园亭

休闲场地

85 商丘市 建业·桂园

设计单位：深圳市建筑设计研究总院
建设单位：商丘建业住宅建设有限公司
建设规模：规划用地 12 hm²；
总建筑面积 150 000 m²
设计时间：2006 年
竣工时间：2008 年

2008

建业·桂园位于商丘市经济技术开发区南京路东段，是以“人，诗意地栖居”为理念，以桂花为主题的人文社区。小区建筑外立面色彩以黑、白、米色为主，砖红色的墙体和暖色的百叶、栏杆穿插其中，视觉变化丰富，独有的挑出阳台、立体退台和顶层露台设计丰富了建筑空间。

景观设计营造了多层次、多主题的小区环境，建筑群体与绿色景观、空间轴线融为一体。满园桂树掩映宽敞宅邸，居民于桂花深处诗意栖居。

鸟瞰图

建筑外观

建筑外观

庭院景观

水景一角

景观小品

Selected Architecture in Central China Residential Architecture in the 21st Century

86 商丘市 水木清华

设计单位：浙江大学建筑规划设计研究院
建设单位：商丘市嘉润建设置业有限公司
建设规模：规划用地 43.3 hm²；
总建筑面积 600 000 m²
设计时间：2005 年
竣工时间：2006 年

2006

水木清华位于商丘市新城神火大道。整个小区由四个组团构成，组团之间由车行道路、景观园林分隔，形成灵活有序的居住空间。小区整体布局采用围合与均好相统一的方法，使得居住其中的每位住户都能感受到园区的温馨和优美。住宅以 5 层水景花园式住宅为主，沿街小高层住宅为辅，整体上浑然一体，并构成优美的天际线。建筑立面采用三段式处理，花岗岩、陶土砖、涂料为主的立面材料既表现庄重、典雅的新古典主义风格，又充满现代元素的设计理念。

项目发挥低密度的特色，合理利用景观和人工坡地，构成社区内部院落高低起伏、错落有致的景观体系，层次感大大增强。在景观节点营造了休憩、交流、娱乐的空间，增强了邻里之间的交流，使整个社区更舒适、温馨、开放、和谐。

沿街全景

小区景观

宅间绿地

小区景观

花坛喷泉

87 商丘市 天明·第一城

设计单位：	河南徐辉建筑工程设计事务所
建设单位：	商丘天明房地产开发有限公司
建设规模：	规划用地 14 hm²；
	总建筑面积 200 000 m²
设计时间：	2006 年
竣工时间：	2009 年

2009

天明·第一城位于商丘市宇航路。该项目以低密度多层住宅为主，2 栋板式小高层点缀其中，规划设计使建筑、景观、人文三者达到较好的统一。小区设计有花园洋房、复式、小户型等多种住宅类型，并注重内部使用空间的舒适性与合理性。设计风格从建筑形态到立面色彩都显得自然大气、简约时尚，具有厚重的品质感。

小区突出景观的均好性和参与性，疏朗通透，采光充足，大型的中心文化广场给居民提供了休闲、集会的场所，散布小区的自然人文景观错落有致、各有特点。

建筑外观

建筑外观

休闲场地

宅间小景

88 商丘市 阳光·水榭花都

设计单位：深圳市建筑设计研究总院
建设单位：美基（商丘）置业有限公司
建设规模：规划用地 6.38 hm²；
总建筑面积 80 000 m²
设计时间：2007 年
竣工时间：2009 年

2009

阳光·水榭花都位于商丘市香君路，与商丘市体育中心隔路相望。

建筑采用现代风格，造型组合、色彩富于变化，注重立面细部的虚实结合，不仅关注实际居住感受，而且兼顾到小区的视觉效果，整个小区的建筑外观简洁明快，外立面线条清晰明朗。同时住宅全部坐北朝南，保证了各户型的最大采光面和景观的均好性。

小区规划运用现代的构图手法，创造低密度、半围合的建筑形态，兼顾了住户的私密要求和融入自然的需求，为其提供了赏心悦目的栖居环境。

小区景观

建筑外观

道路景观

宅间步道

活动场地

89 信阳市 碧湖帝影

设计单位：加拿大 GS 建筑设计有限公司
建设单位：弘昌房地产开发有限责任公司
建设规模：规划用地 17.33 hm²；
总建筑面积 300 000 m²
设计时间：2007 年
竣工时间：2010 年

2010

碧湖帝影位于信阳市浉河区湖东大道与五星路交叉口南 100 m 处。规划提出了“运动、健康”的居住理念。规划建筑 35 栋楼，分三期开发，由多层、小高层、高层等多种建筑类型组成。规划用地被南北路分为东、西两个地块，入口设计在东、西两侧，以便将地块很好地串联起来，道路采用人车分流的方式。

组团内建筑自由错落，强调点式与板式单元的有机穿插，有效地突破了传统行列式呆板、单一的空间结构，并由此形成了多个小规模的半公共场所，强化了组团邻里空间。建筑整体简洁且富于韵律。墙砖和涂料合理搭配，使得建筑外立面时尚、简约。

由水系贯穿的小区内部空间，布置了雕塑小品、健身步道、亲子乐园等，丰富了小区内的景观活动空间，体现了适宜人居的规划设计理念。

建筑外观

建筑外观

建筑外观

宅间绿地

灯柱小品

90 信阳市　建业·森林半岛

设计单位：深圳市建筑设计研究总院
建设单位：信阳建业住宅建设有限公司
建设规模：规划用地 14.7 hm²；
总建筑面积 220 000 m²
设计时间：2007 年
竣工时间：2011 年

2011

建业·森林半岛位于国家 AAAA 级风景区——南湾湖风景区南湖大道与南翔路交会处。项目共分为四期开发，是一个由别墅、多层、小高层和高层组合的住区。

总体规划在保留原始地形、地貌的基础上，充分利用自然条件和生态环境加以人工再创造。小区规划打破了传统单一的行列式模式，采用了人性化的错落的组团式设计，对贯穿整个用地的排洪渠加以改造，作为整个小区的曲线形水景，与从小区主入口至社区中心的直线形绿化带相对应，将居住区的各个组团有机地连接起来。

在景观规划中，一是结合地形地貌，通过组团绿化、宅间绿地形成点、线、面相结合的绿色生态网；二是结合小区风格形成多主题的组团性景观，将街道的公共空间与庭院分开。总体看来，组团的内庭院又通过树木和小径与滨水景观带发生联系，使大型的公共空间与尺度宜人的庭院有机地联系在一起，自然形成环环相扣、层次分明的绿色空间结构。

小区景观

建筑外观

宅前景观

组团道路

91 信阳市 金成山水南湾住宅区

设计单位：上海中星志成建筑设计有限公司
建设单位：郑州金成房地产有限公司
建设规模：规划用地 31.50 hm²；
总建筑面积 108 162 m²
设计时间：2007 年
竣工时间：2009 年

2009

南湾湖位于河南省信阳市西南部，是一个生态旅游风景区，享有“中原第一湖”的美誉。金成山水南湾住宅区借此优势，项目定位为“休闲度假式小区”。

主要道路系统与建筑密切配合，将各组团紧密联系在一起，清晰明了。人流主要交汇处均设有较大面积的活动空间，体现了良好的疏通性和引导性。次要道路系统不拘一格，形式多样化，并沿街设置别有情趣的坐凳、雕塑和小品。建筑结合山势水体呈自然分布，同时与景观紧密结合，使每户均享有良好的绿地景观，自然随意又不失有序。住宅立面通过对屋面、墙面、门窗的材质、色彩、肌理的处理，显示出阳光明媚、清新可人的地中海风格。整个小区建筑形象轻巧，轮廓错落有致，层次丰富，富于光影变化。

住宅区内部利用原有的景观优势，借用两条自然冲沟形成景观水系顺山势而下，贯穿住宅区的各个组团，同时不同的景观也顺应水系置于宅前。亲切和谐的人工造景，体现了尊重自然而不仅仅是改造自然的现代设计思想，并追求人造环境与自然环境的密切结合，使二者相得益彰。

别墅外景

建筑外观

建筑细部

阳台细部

别墅庭院

别墅外景

鸟瞰图

92 周口市 关帝上城

设计单位：	四川标鼎建筑工程设计有限公司
建设单位：	周口市金冠投资开发有限公司
建设规模：	规划用地 16 hm²；
	总建筑面积 180 000 m²
设计时间：	2007 年
竣工时间：	2009 年

2009

关帝上城位于周口市沙颍河北、中州路东、健康路西、文昌街南，依托全国保存最完好的具有三百多年历史的关帝庙而建，是周口首个集文化、商贸、旅游、休闲、观光、居住为一体的文化风情复合商业街区。

在总体规划上，关帝上城体现了“以人为本”的设计理念，采取“一心、两轴、三组团”的布局，即以关帝庙文化广场为中心，开辟两条特色商业和步行景观轴线，划分出三个相对独立的住宅组团，并结合沙颍河景观带形成城市名片和展示窗口。

住宅区建筑为中式风格，采用了青砖、黛瓦、粉墙、飞檐、朱门、小园等设计手法，为居民提供了舒适的中式院落居住空间。项目既突出了关帝庙的中心地位，渲染了商业氛围，又为居民提供了休闲、观光、购物场所。

建筑外观

建筑外观

步行街

步行街

步行街牌楼

93 周口市 汇林凤凰苑

设计单位：周口市建筑设计研究院
建设单位：周口市汇林置业有限公司
建设规模：规划用地 50 hm²；
总建筑面积 500 000 m²
设计时间：2004 年
竣工时间：2007 年

2007

汇林凤凰苑位于周口市迎宾大道西侧，主要为独立式、联排和叠加式别墅，以及部分多层住宅。小区规划以人工湖为主景，依托山石水景，结合室外活动场地和景观小品，形成点、线、面多样化的布局，并与室内环境联系在一起。组团间和组团内部通过清晰流畅的道路和疏密有致的建筑排列，将采光、通风、组景等要素充分融合在一起，形成道路轴与人文轴合一的精巧格局，使个体空间与公共空间交互融合。

水景

水景

联排别墅

别墅景观

94 周口市 万基城市花园

设计单位：澳大利亚亚达设计公司
建设单位：周口市万基房地产发展有限公司
建设规模：规划用地 8.3 hm²；
总建筑面积 100 000 m²
设计时间：2002 年
竣工时间：2004 年

2004

万基城市花园地处周口市新老城区结合部，东临长青南路。项目共分为六个区域，其中四个为居住组团，其他为万基会所和中心花园广场、商业街等配套设施。居住组团采用半围合空间的手法，每个组团中都有中心绿化景观和楼间绿化景观，为邻里交往提供了合宜的场所。景观环境设计融合中国园林神韵与西方园林造景手法，营造了喷泉流水、林荫小径、卵石步道等优美环境。小区的公共建筑，如幼儿园、会所、游泳池、网球场等设置在小区中心，商业设施则安排在小区主入口的休闲步行区域，商铺沿街布置，尽量减少对居住小区的干扰。

休闲广场

儿童游戏场地

绿化景观

组团道路

庭院小品

宅间步道

95 周口市 阳光·澜岸

设计单位：中国建筑科学研究院中南分院
建设单位：周口鑫宇置业有限公司
建筑规模：规划用地 6.9 hm²；
总建筑面积 100 000 m²
设计时间：2007 年
竣工时间：2009 年

2009

阳光·澜岸位于周口市莲花大道与建材路交会处，是以情景花园为主题的多层住宅小区。项目以阳台层层退台、露台庭院的格局，创造出“家家有花园，户户有天地”的居住环境。小区配套完善，智能化安保系统、会所、休闲商业街一应俱全。

规划设计充分考虑外部空间与自然生态的融合，空间布局错落有致、变化丰富，再加上随季节变换的植物景观，使住户获得愉悦的视觉效果。

建筑外观

宅间绿化

宅院一角

景观小品

96 驻马店市 建业·森林半岛

设计单位：深圳市建筑设计研究总院

建设单位：驻马店建业住宅建设有限公司

建设规模：规划用地 22.6 hm²；

总建筑面积 300 000 m²

设计时间：2008 年

竣工时间：2010 年

2010

建业·森林半岛位于驻马店市淮河大道1号，小区住宅类型包括别墅、多层、小高层、高层等。小区采用低密度住宅布局和弱化组团、强化院落的手法，加强了居民之间的交流。小区内公共设施齐全，设有幼儿园、会所、商业街等配套设施。

小区内有大片水面，沿水岸设计有廊、亭、榭及休闲步道，为小区内居民提供了舒心的亲水环境。

中心湖景观

建筑外观

水景

97 济源市 锦绣·水岸名居

设计单位：匠人规划建筑设计股份顾问有限公司
建设单位：河南新锦绣置业有限公司
建设规模：规划用地 2.7 hm²；总建筑面积 52 200 m²
设计时间：2007 年
竣工时间：2009 年

2009

锦绣·水岸名居紧靠横贯济源的济水大街，周边为 200 m 市政绿化公园和已建公园——迎春园，以及滨河绿化带。

整体布局形成“一心、两带、三区”的结构框架。建筑形态为 18 层点式高层和板式高层，建筑设计以现代简约风格为主，外立面简洁明快。

绿化系统利用人造坡地和公共交往空间的变化，设置景观性小品、照明景观灯、长椅、石凳、喷泉、亲水平台、露天吧座，创造出生动活泼、富有变化的户外休闲空间。在注重小区内环境营造的同时，也充分利用了外部环境的优势，把河岸风光与小区环境统一起来，营造了和谐优美的居住环境。

建筑外观

建筑外观

建筑外观

Selected Architecture in Central China Residential Architecture in the 21st Century

98 济源市 隆兴·水岸香洲

设计单位：	河南徐辉建筑工程设计事务所
建设单位：	济源市隆兴房地产开发有限公司
建设规模：	规划用地 11.2 hm²；
	总建筑面积 160 000 ㎡
设计时间：	2006 年
竣工时间：	2009 年

2009

隆兴·水岸香洲位于济源市文昌路与南蟒河交会处，北靠济源市区最美的南蟒河畔，西临文昌路。项目由多层叠加别墅、联排别墅和沿街商铺组成。

规划通过楼层高低变化和公共建筑沿街道两旁布置来消除行列布局带来的呆板单调的感觉。合理、流畅、结构明确的交通网络成功地实现了小区内的人车分流，并与水系一起将小区划分为不同的组团，形成相对独立的区域。

简约的建筑立面，强烈的色彩对比，以及不同楼层所形成的清晰的天际线，共同塑造出一个既典雅又时尚的小区。

鸟瞰图

宅间景观

道路景观

景观小品

建筑外观

后记

21世纪的10年，中州大地城市住宅建筑得到了空前的发展，无论是建筑的数量和质量，还是居住区整体规划都达到前所未有的高度。本书的编撰是对河南近10年优秀居住建筑的一个总结、一次检阅，它反映了河南居住建筑的发展、设计动态和水准，以及政府的倡导和努力。

本书通过对河南省16个地市2001—2010年建设的居住建筑的收集与分析，选出不同规模、不同类型、不同风格的98例住宅小区（郑州47例、外地51例）汇编成册，城市按照河南省行政区划进行排序，相同城市的建筑按其名称的汉语拼音音序排列。每个实例分别介绍了规划布局、建筑单体以及景观绿化，并对居住区特点进行简要说明。这98个实例作为一个缩影，展示了河南居住建筑在规划、设计、施工、环境、管理上所取得的巨大成绩。

本书的编撰工作是在河南省住房和城乡建设厅主持下进行的，经各地市建设部门、建委、规划局、房地产部门以及企业进行分类收集和整理，并委托河南省土木建筑学会、郑州大学建筑学院等单位组成编委会负责对各住宅小区实例进行筛选和整理。编委会对全书的总体结构、编写体例等进行了多次研究，进一步明确了实例评选原则和入选标准，以及实例的编写要求，在此基础上经过艰苦努力和多次修改，终于编著成稿。

本书所选的实例照片，均由各地市局委、规划建设部门、设计院、房地产开发公司及各编委提供。

本书得以完成，应当感谢关心、支持和帮助本书编写的河南省政府、河南省住房与城乡建设厅、各地市局委和规划建设部门及相关领导、专家，感谢省土木建筑学会领导和相关工作人员，感谢河南科学技术出版社及本书的编辑，感谢郑州大学综合设计研究院、河南徐辉建筑工程设计事务所、郑州市建筑设计院、中国核电工程有限公司郑州分公司、机械工业第六设计研究院、河南东方建筑设计有限公司、河南省建筑设计研究院有限公司，感谢郑州大学建筑学院资料室的陈艳丽老师，以及为本书做了大量具体工作的研究生：周慧玲、袁文贤、宋婷、杨英利、王峥、高帅、王书业、程肖坤、李季、王飞、郁会平、胡静、范丽、牛津等。

感谢所有为本书提供帮助的单位和个人。

由于编者水平所限，书中疏漏和错误在所难免，敬请读者提出宝贵意见。

本书编委会